"十二五"普通高等教育本科国家级规划教材

普通高等教育"十一五"国家级规划教材

教育部普通高等教育精品教材

中国大学出版社图书奖优秀教材一等奖

普通高校本科计算机专业特色教材精选·算法与程序设计

数据结构（C++版）
学习辅导与实验指导（第2版）

王红梅
胡　明　编著
王　涛

清华大学出版社
北京

内 容 简 介

本书是作者多年讲授"数据结构"课程及指导学生实验的教学经验的集成,与清华大学出版社出版的主教材《数据结构(C++版)(第2版)》相配套。本书分成两篇:第一篇是学习辅导,各章内容由3个模块组成,分别是本章导学、重点难点释疑和习题解析;第二篇是实验指导,各章内容也由3个模块组成,分别是验证实验、设计实验和综合实验。最后在附录中给出了实验报告和课程设计报告的一般格式。

本书可以配合主教材《数据结构(C++版)(第2版)》使用,起到衔接课堂教学和指导实验教学的作用,可作为高等院校本专科学生学习"数据结构"课程的参考教材,也可作为计算机学科研究生入学考试的辅导教材,对于从事计算机软件开发和应用的工程技术人员也具有一定的参考价值。

本书封面贴有清华大学出版社防伪标签,无标签者不得销售。
版权所有,侵权必究。举报:010-62782989,beiqinquan@tup.tsinghua.edu.cn。

图书在版编目(CIP)数据

数据结构(C++版)学习辅导与实验指导 / 王红梅,胡明,王涛编著. —2版. —北京:清华大学出版社,2011.9(2024.9重印)
(普通高校本科计算机专业特色教材精选·算法与程序设计)
ISBN 978-7-302-25529-1

Ⅰ. ①数… Ⅱ. ①王… ②胡… ③王… Ⅲ. ①数据结构—高等学校—教学参考资料 ②C语言—程序设计—高等学校—教学参考资料 Ⅳ. ①TP311.12 ②TP312

中国版本图书馆 CIP 数据核字(2011)第 087938 号

责任编辑:袁勤勇　张为民
责任校对:梁　毅
责任印制:曹婉颖

出版发行:清华大学出版社
　　　网　　址:https://www.tup.com.cn, https://www.wqxuetang.com
　　　地　　址:北京清华大学学研大厦A座　　　邮　编:100084
　　　社 总 机:010-83470000　　　　　　　　　邮　购:010-62786544
　　　投稿与读者服务:010-62776969, c-service@tup.tsinghua.edu.cn
　　　质 量 反 馈:010-62772015, zhiliang@tup.tsinghua.edu.cn
印 装 者:小森印刷霸州有限公司
经　　销:全国新华书店
开　　本:185mm×260mm　　　印　张:17.25　　　字　数:405千字
版　　次:2011年9月第2版　　　　　　　　　　　印　次:2024年9月第23次印刷
定　　价:48.00元

产品编号:042538-05

普通高校本科计算机专业 **特 色** 教材精选

出版说明

INTRODUCTION

在我国高等教育逐步实现大众化后,越来越多的高等学校将会面向国民经济发展的第一线,为行业、企业培养各级各类高级应用型专门人才。为此,教育部已经启动了"高等学校教学质量和教学改革工程",强调要以信息技术为手段,深化教学改革和人才培养模式改革。如何根据社会的实际需要,根据各行各业的具体人才需求,培养具有特色显著的人才,是我们共同面临的重大问题。具体地说,培养具有一定专业特色的和特定能力强的计算机专业应用型人才则是计算机教育要解决的问题。

为了适应 21 世纪人才培养的需要,培养具有特色的计算机人才,急需一批适合各种人才培养特点的计算机专业教材。目前,一些高校在计算机专业教学和教材改革方面已经做了大量工作,许多教师在计算机专业教学和科研方面已经积累了许多宝贵经验。将他们的教研成果转化为教材的形式,向全国其他学校推广,对于深化我国高等学校的教学改革是一件十分有意义的事。

清华大学出版社在经过大量调查研究的基础上,决定组织编写一套《普通高校本科计算机专业特色教材精选》。本套教材是针对当前高等教育改革的新形势,以社会对人才的需求为导向,主要以培养应用型计算机人才为目标,立足课程改革和教材创新,广泛吸纳全国各地的高等院校计算机优秀教师参与编写,从中精选出版确实反映计算机专业教学方向的特色教材,供普通高等院校计算机专业学生使用。

本套教材具有以下特点:

1. 编写目的明确

本套教材是在深入研究各地各学校办学特色的基础上,面向普通高校的计算机专业学生编写的。学生通过本套教材,主要学习计算机科学与技术专业的基本理论和基本知识,接受利用计算机解决实际问题的基本训练,培养研究和开发计算机系统,特别是应用系统的基本能力。

2. 理论知识与实践训练相结合

根据计算学科的三个学科形态及其关系，本套教材力求突出学科的理论与实践紧密结合的特征，结合实例讲解理论，使理论来源于实践，又进一步指导实践。学生通过实践深化对理论的理解，更重要的是使学生学会理论方法的实际运用。在编写教材时突出实用性，并做到通俗易懂，易教易学，使学生不仅知其然，知其所以然，还要会其如何然。

3. 注意培养学生的动手能力

每种教材都增加了能力训练部分的内容，学生通过学习和练习，能比较熟练地应用计算机知识解决实际问题。既注重培养学生分析问题的能力，也注重培养学生解决问题的能力，以适应新经济时代对人才的需要，满足就业要求。

4. 注重教材的立体化配套

大多数教材都将陆续配套教师用课件、习题及其解答提示，学生上机实验指导等辅助教学资源，有些教材还提供能用于网上下载的文件，以方便教学。

由于各地区各学校的培养目标、教学要求和办学特色均有所不同，所以对特色教学的理解也不尽一致，我们恳切希望大家在使用教材的过程中，及时地给我们提出批评和改进意见，以便我们做好教材的修订改版工作，使其日趋完善。

我们相信经过大家的共同努力，这套教材一定能成为特色鲜明、质量上乘的优秀教材，同时，我们也希望通过本套教材的编写出版，为"高等学校教学质量和教学改革工程"作出贡献。

清华大学出版社

第2版前言

本书是清华大学出版社出版的"数据结构（C++版）立体化教材"的配套辅导教材，本套立体化教材包括以下几个部分。

(1) 主教材：《数据结构（C++版）（第2版）》，作者王红梅、胡明、王涛。该书根据计算机学科研究生入学考试专业基础综合考试大纲编写，抓住核心概念，提炼基础性内容，侧重工程实践与应用，注重算法设计与程序实现。

(2) 教师用书：《数据结构（C++版）教师用书》，作者王红梅、胡明、王涛。该书主要内容包括教案和讲稿，教案对各个教学专题进行详细设计，讲稿是教学专题的具体实现，体现了详细的教学设计。

(3) 学生用书：《数据结构（C++版）学习辅导和实验指导（第2版）》，作者王红梅、胡明、王涛，即本书，主要内容包括重点难点释疑、习题解析和实验指导。

(4) 考研用书：《数据结构考研辅导》，作者王红梅、胡明。该书主要内容包括考试大纲要求及分析、考核知识点、典型题解析和挑战题解析。

(5) 电子课件：在清华大学出版社网站（http://www.tup.com.cn）可以下载。

(6) 教学网站：http://jsj.ccut.edu.cn/sjjg。

本书在第1版的基础上主要进行了如下修订：

(1) 根据《计算机学科研究生入学考试专业基础综合考试大纲》对内容略有增删，增加了基数排序，删去了广义表。与此同时，增加了部分课后习题。

(2) 给出了Visual C++ 6.0环境下多文件结构的范例程序，以及调试控制台程序的基本方法。

(3) 所有验证实验给出了在Visual C++ 6.0环境下调试通过的范例程序，便于学生在学习相关内容后自行上机实验。

(4) 调整了部分设计实验和综合实验，着力培养学生应用数据结构解决实际问题的能力。

由于作者水平有限，书中难免有缺点和错误，欢迎专家和读者批评指正，作者电子信箱是wanghm@mail.ccut.edu.cn。

作 者
2011年5月于长春

普通高校本科计算机专业 特色 教材精选

第1版前言

PREFACE

数据结构是计算机及相关专业的一门重要的专业基础课,也是计算机及相关专业考研和水平等级考试的必考科目,而且正逐渐发展成为众多理工专业的热门选修课。它所讨论的知识内容和提倡的技术方法,无论对进一步学习计算机领域的其他课程,还是对从事软件工程的开发,都有着不可替代的作用。

数据结构课程知识丰富,内容抽象,学习量大,隐藏在各部分内容中的方法和技术多,贯穿于全书的动态链表和递归令不少初学者望而生畏。作者长期从事数据结构课程的教学,对该课程的教学特点和难点有比较深切的体会。在多年讲授数据结构课程的教学经验的基础上,将各章的知识要点进行归纳和总结,对难以理解的问题和需要重点掌握的问题进行深入浅出的讲解和指导,对各类习题进行简明扼要的解析。本书在重点难点释疑上有很多独到的见解,希望对读者理解数据结构的内容能够产生一定的帮助。

作者在长期讲授数据结构课程的过程中深切体会到,在整个教学活动中,上机操作能力的培养是一个至关重要的环节,学生仅仅学好理论知识是远远不够的,必须加强实践环节,从实验的成功和失败中获得锻炼,提高数据结构的应用能力、复杂程序设计的能力以及解决实际问题(算法设计)的能力。本书对实验环节的安排按照"**点—线—面**"循序渐进的方式。"**点**"是指验证实验,实现教材中介绍的数据结构和算法;"**线**"是指设计实验,应用一个知识点自行设计数据结构和算法解决实际问题;"**面**"是指综合实验,应用几个知识点自行设计数据结构和算法解决实际问题。本书力求在加强实验课的教学环节上能有所突破,使学生能熟练掌握和运用理论知识解决实际问题,达到学以致用的目的。

本书主要内容由3个模块组成:第一个模块是本章导学,包括知识结构图、学习要点、本章重点、本章难点、重点整理和重点难点释疑6个子模块;第二个模块是习题解析,包括课后习题讲解和学习自测两个子模块;第三个模块是实验指导,包括验证实验、设计实验和综合实验3个子模块。最后在附录中给出了实验报告和课程设计报告的参考格式。

本书与笔者在清华大学出版社出版的《数据结构（C++版）》（普通高等教育"十一五"国家级规划教材）教材相配套，配合光盘和教学网站一起组成立体化教材。光盘随主教材《数据结构（C++版）》配送，教学网站"长春工业大学校园网精品课程"提供各类实用教学资源，网站虚拟域名是"ds.ccut.edu.cn"。

本套教材的编著者承担的"数据结构"课程 2005 年获吉林省精品课称号。

参加本书编写的还有刘钢、陈志雨老师，研究生李娜、陈玥、李洋、闵聚、何文华实现了本书的验证实验，李万龙教授对本书的编写提出了很多有益的建议，在此表示感谢。

由于作者水平有限，书稿虽几经修改，仍难免有缺点和错误。热忱欢迎同行专家和读者批评指正，使本书在使用中不断改进、日臻完善。

作 者
2005 年 5 月

目录

第一篇 学习辅导

第1章 绪论 ·· 3
- 1.1 本章导学 ·· 3
- 1.2 重点难点释疑 ·· 4
  - 1.2.1 信息、数据与结构 ·· 4
  - 1.2.2 数据结构、数据类型和抽象数据类型 ································ 5
  - 1.2.3 逻辑结构与存储结构 ·· 6
  - 1.2.4 如何选择或设计数据结构 ·· 6
  - 1.2.5 算法设计的一般原则 ·· 7
  - 1.2.6 算法的时间复杂度分析 ··· 8
- 1.3 习题解析 ·· 9
  - 1.3.1 课后习题讲解 ··· 9
  - 1.3.2 学习自测题及答案 ·· 15

第2章 线性表 ··· 17
- 2.1 本章导学 ·· 17
- 2.2 重点难点释疑 ·· 18
  - 2.2.1 存储结构与存取结构 ·· 18
  - 2.2.2 头指针、尾标志、开始结点与头结点 ······························· 19
  - 2.2.3 带头结点的单链表与不带头结点的
    单链表的比较 ··· 19
  - 2.2.4 单链表的算法设计技巧 ··· 21
  - 2.2.5 有序单链表的算法设计技巧 ··· 25
  - 2.2.6 循环链表的算法设计技巧 ·· 26
- 2.3 习题解析 ·· 27
  - 2.3.1 课后习题讲解 ··· 27
  - 2.3.2 学习自测题及答案 ·· 36

第3章 栈和队列 ··· 41
3.1 本章导学 ··· 41
3.2 重点难点释疑 ··· 42
3.2.1 浅析栈的操作特性 ····································· 42
3.2.2 递归算法转换为非递归算法 ··························· 43
3.2.3 循环队列中队空和队满的判定方法 ····················· 44
3.3 习题解析 ··· 47
3.3.1 课后习题讲解 ··· 47
3.3.2 学习自测题及答案 ····································· 52

第4章 字符串和多维数组 ······································· 55
4.1 本章导学 ··· 55
4.2 重点难点释疑 ··· 56
4.2.1 KMP算法中如何求next数组 ··························· 56
4.2.2 特殊矩阵压缩存储后存储位置的计算 ··················· 58
4.3 习题解析 ··· 59
4.3.1 课后习题讲解 ··· 59
4.3.2 学习自测题及答案 ····································· 64

第5章 树和二叉树 ··· 67
5.1 本章导学 ··· 67
5.2 重点难点释疑 ··· 69
5.2.1 二叉树和树是两种不同的树结构 ······················· 69
5.2.2 二叉树的构造方法 ····································· 69
5.2.3 二叉树遍历的递归实现图解 ··························· 70
5.2.4 二叉树的算法设计技巧 ································· 70
5.2.5 哈夫曼树的构造过程中应注意的问题 ··················· 73
5.3 习题解析 ··· 74
5.3.1 课后习题讲解 ··· 74
5.3.2 学习自测题及答案 ····································· 84

第6章 图 ··· 89
6.1 本章导学 ··· 89
6.2 重点难点释疑 ··· 91
6.2.1 深度优先遍历算法的非递归实现 ······················· 91
6.2.2 图的遍历算法的应用 ··································· 92
6.2.3 有向图的强连通分量 ··································· 93
6.2.4 改进的拓扑排序算法 ··································· 94

	6.3	习题解析	94
		6.3.1 课后习题讲解	94
		6.3.2 学习自测题及答案	106

第 7 章 查找技术 109

- 7.1 本章导学 109
- 7.2 重点难点释疑 111
  - 7.2.1 折半查找判定树及其应用 111
  - 7.2.2 时空权衡 112
  - 7.2.3 平衡二叉树的调整方法 113
  - 7.2.4 散列查找的性能分析 114
- 7.3 习题解析 115
  - 7.3.1 课后习题讲解 115
  - 7.3.2 学习自测题及答案 124

第 8 章 排序技术 127

- 8.1 本章导学 127
- 8.2 重点难点释疑 129
  - 8.2.1 排序算法的稳定性 129
  - 8.2.2 如何将排序算法移植到单链表上 130
  - 8.2.3 二叉排序树与堆的区别 131
  - 8.2.4 递归算法的时间性能分析 132
- 8.3 习题解析 134
  - 8.3.1 课后习题讲解 134
  - 8.3.2 学习自测题及答案 144

第 9 章 索引技术 149

- 9.1 本章导学 149
- 9.2 习题解析 150
  - 9.2.1 课后习题讲解 150
  - 9.2.2 学习自测题及答案 154

第二篇 实 验 指 导

第 10 章 实验基础 159

- 10.1 实验的一般过程 159
  - 10.1.1 本书的实验安排 159
  - 10.1.2 验证实验的一般过程 160
  - 10.1.3 设计实验和综合实验的一般过程 161

10.2 VC++编程工具的使用 ………………………………………………………… 162
　　10.2.1 控制台程序 ………………………………………………………… 162
　　10.2.2 单文件结构 ………………………………………………………… 162
　　10.2.3 多文件结构 ………………………………………………………… 163
　　10.2.4 程序的调试 ………………………………………………………… 166

第11章 线性表实验 ……………………………………………………………… 171
11.1 验证实验 …………………………………………………………………… 171
　　11.1.1 顺序表的实现 ……………………………………………………… 171
　　11.1.2 单链表的实现 ……………………………………………………… 174
11.2 设计实验 …………………………………………………………………… 178
　　11.2.1 约瑟夫环问题 ……………………………………………………… 178
　　11.2.2 用单链表实现集合的操作 ………………………………………… 180
11.3 综合实验 …………………………………………………………………… 182
　　11.3.1 大整数的代数运算 ………………………………………………… 182
　　11.3.2 一元多项式相加 …………………………………………………… 183

第12章 栈和队列实验 …………………………………………………………… 185
12.1 验证实验 …………………………………………………………………… 185
　　12.1.1 顺序栈的实现 ……………………………………………………… 185
　　12.1.2 链队列的实现 ……………………………………………………… 187
12.2 设计实验 …………………………………………………………………… 191
　　12.2.1 汉诺塔问题 ………………………………………………………… 191
　　12.2.2 火车车厢重排问题 ………………………………………………… 192
12.3 综合实验 …………………………………………………………………… 194
　　12.3.1 表达式求值 ………………………………………………………… 194
　　12.3.2 迷宫问题 …………………………………………………………… 195

第13章 字符串和多维数组实验 ………………………………………………… 197
13.1 验证实验 …………………………………………………………………… 197
　　13.1.1 串操作的实现 ……………………………………………………… 197
　　13.1.2 对称矩阵的压缩存储 ……………………………………………… 199
13.2 设计实验 …………………………………………………………………… 200
　　13.2.1 统计文本中单词的个数 …………………………………………… 200
　　13.2.2 幻方 ………………………………………………………………… 201
13.3 综合实验 …………………………………………………………………… 203
　　13.3.1 近似串匹配 ………………………………………………………… 203

　　　　13.3.2　数字旋转方阵……………………………………………………………205

第14章　树和二叉树实验………………………………………………………………207
　14.1　验证实验……………………………………………………………………………207
　　　　14.1.1　二叉树的实现……………………………………………………………207
　　　　14.1.2　树的实现…………………………………………………………………210
　14.2　设计实验……………………………………………………………………………214
　　　　14.2.1　求二叉树中叶子结点的个数……………………………………………214
　　　　14.2.2　二叉表示树………………………………………………………………215
　14.3　综合实验……………………………………………………………………………216
　　　　14.3.1　信号放大器………………………………………………………………216
　　　　14.3.2　哈夫曼算法的应用………………………………………………………218

第15章　图实验…………………………………………………………………………219
　15.1　验证实验……………………………………………………………………………219
　　　　15.1.1　邻接矩阵的实现…………………………………………………………219
　　　　15.1.2　邻接表的实现……………………………………………………………222
　15.2　设计实验……………………………………………………………………………225
　　　　15.2.1　TSP问题…………………………………………………………………225
　　　　15.2.2　哈密顿路径………………………………………………………………226
　15.3　综合实验……………………………………………………………………………228
　　　　15.3.1　农夫过河…………………………………………………………………228
　　　　15.3.2　医院选址问题……………………………………………………………228

第16章　查找技术实验…………………………………………………………………231
　16.1　验证实验……………………………………………………………………………231
　　　　16.1.1　顺序查找的实现…………………………………………………………231
　　　　16.1.2　折半查找的实现…………………………………………………………232
　　　　16.1.3　散列查找的实现…………………………………………………………234
　16.2　设计实验……………………………………………………………………………235
　　　　16.2.1　二叉排序树的查找性能…………………………………………………235
　　　　16.2.2　闭散列表和开散列表查找性能的比较…………………………………236
　16.3　综合实验……………………………………………………………………………236
　　　　16.3.1　个人电话号码查询系统…………………………………………………236
　　　　16.3.2　斐波那契查找……………………………………………………………237

第17章　排序技术实验…………………………………………………………………239
　17.1　验证实验……………………………………………………………………………239

    17.1.1 插入排序算法的实现……………………………………………239
    17.1.2 交换排序算法的实现……………………………………………241
    17.1.3 选择排序算法的实现……………………………………………244
  17.2 设计实验………………………………………………………………246
    17.2.1 直接插入排序基于单链表的实现…………………………………246
    17.2.2 双向起泡排序……………………………………………………248
  17.3 综合实验………………………………………………………………249
    17.3.1 各种排序算法时间性能的比较……………………………………249
    17.3.2 机器调度问题……………………………………………………249

附录 A 实验报告的一般格式……………………………………………………251

附录 B 课程设计报告的一般格式………………………………………………253

参考文献…………………………………………………………………………255

第一篇 学习辅导

第1章 绪论
第2章 线性表
第3章 栈和队列
第4章 字符串和多维数组
第5章 树和二叉树
第6章 图
第7章 查找技术
第8章 排序技术
第9章 索引技术

第 1 章 绪 论

1.1 本章导学

1. 知识结构图

本章的知识结构如图 1-1 所示。

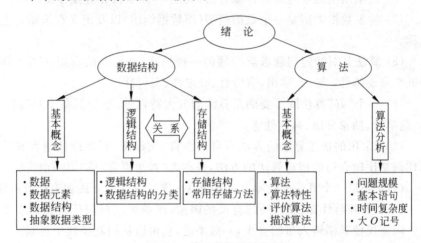

图 1-1 第 1 章知识结构图

2. 学习要点

本章的学习要从两条主线出发,一条主线是数据结构,包括数据结构的相关概念及含义,另一条主线是算法,包括算法的相关概念、描述方法以及时间复杂度的分析方法。

在学习数据结构时要抓住两个方面:逻辑结构和存储结构,并注意把握二者之间的关系。在学习算法时,要以算法的概念和特性为基本点,并在以后的学习中注意提高算法设计的能力。对于算法时间性能的分析,要将注意力集中在增长率上,即基本语句执行次数的数量级,在设计算法时,养成分析算法时间性能的习惯,进而有效地改进算法的效率。

3. 重点整理

（1）程序设计的一般过程是"问题→想法→算法→程序"，其实质是数据表示和数据处理。数据表示的主要任务是从问题抽象出数据模型，并将该模型从机外表示转换为机内表示；数据处理的主要任务是对问题的求解方法进行抽象描述，即设计算法。

（2）数据结构是研究非数值问题中计算机的操作对象以及它们之间关系和操作的学科。

（3）数据元素是数据的基本单位，在计算机程序中通常作为一个整体进行考虑和处理。数据元素是讨论数据结构时涉及的最小数据单位，其中的数据项一般不予考虑。

（4）数据结构是指相互之间存在一定关系的数据元素的集合。按照视点的不同，数据结构分为逻辑结构和存储结构。数据的逻辑结构是指数据元素之间逻辑关系的整体，数据的存储结构是数据及其逻辑结构在计算机中的表示。

（5）根据数据元素之间逻辑关系的不同，数据结构分为四类：集合、线性结构、树结构、图结构。

（6）数据结构通常有两种存储方法：顺序存储结构和链接存储结构。

（7）抽象数据类型是一个数据模型（即数据结构）以及定义在该结构上的一组操作的总称。

（8）算法是对特定问题求解步骤的一种描述，是指令的有限序列。算法必须满足下列五个重要特性：输入、输出、有穷性、确定性、可行性。

（9）一个"好"算法除了要满足算法的五大特性外，还要具备下列特性：正确性、健壮性、简单性、抽象分级、高效性等。

（10）常用的描述算法的方法有自然语言、流程图、程序设计语言和伪代码等，其中，伪代码是比较合适的描述算法的方法，被称为"算法语言"或"第一语言"。

（11）度量一个算法的效率有两种方法：事后统计的方法和事前分析估算的方法。

（12）撇开与计算机软、硬件有关的因素，影响算法时间代价的最主要因素是问题规模。问题规模是指输入量的多少，一般来说，它可以从问题描述中得到。

（13）为了客观地反映一个算法的执行时间，可以用算法中基本语句的执行次数来度量算法的工作量。基本语句是执行次数与整个算法的执行次数成正比的语句。

（14）时间复杂度通常用大 O 记号表示，这种方法实际上是一种估算方法。

（15）求解算法的时间复杂度的简便方法是：找出所有语句中执行次数最多的那条语句作为基本语句，计算基本语句执行次数的数量级并放入大 O 记号中。

1.2 重点难点释疑

1.2.1 信息、数据与结构

信息是一个人人都知道人人都使用但要严格表达其概念又十分困难的术语。简单地说，信息是关于某一事情的事实或知识。大千世界中有各种各样的信息，如孩子的哭声、马路上的交通灯、手机的短信、股票的涨跌、人们用语言交流的思想等。

数据是信息的载体,信息是数据的内容或表达形式。数据能够被计算机识别、存储和处理,是计算机程序加工的"原料",例如,学生学籍管理程序处理的数据是每个学生的基本信息,包括学号、姓名、性别等数据项;计算机对弈程序处理的数据是在对弈过程中出现的棋盘的格局;编译程序处理的数据是用某种高级语言书写的源程序。

计算机程序处理的是数据,而不是信息,也就是说,信息必须转换成数据才能在计算机中进行处理,而这些数据应该恰当地表示要处理的信息。

有时,信息和数据基本上是相同的,但是,通常情况下,信息要想被计算机程序处理,首先需要被转换成数据,这个转换过程有时是很复杂的。例如,"某学生很聪明"这是一个信息,但是这个信息应该转换为什么样的数据呢?可以仅用 IQ 测试结果来评估吗?我们知道,智力是非常复杂的事情,很难用某项考试来确定学生的智力。

在科学研究中,为了把握一个复杂对象,往往将这个复杂对象分解成一些较简单的成分,再考察这些成分之间的关系(即结构)。数据是一种较复杂的对象,为了完成数据表示,将数据分解成数据元素,然后再研究数据元素之间的关系。在任何问题中,数据元素都不是孤立存在的,它们之间总是存在着某种关系,数据元素之间的逻辑关系的整体构成数据的逻辑结构。

1.2.2 数据结构、数据类型和抽象数据类型

数据结构、数据类型和抽象数据类型,这三个概念在字面上很相近,在含义上既有区别又有联系。

数据结构是在整个计算机科学与技术领域中广泛使用的术语,通常反映数据的内部构成,即数据由哪些数据元素构成,以什么方式构成,数据元素之间呈现什么关系。具有相同数据结构的数据归为一类,例如,线性结构、树结构、图结构。

数据类型是一组值的集合以及定义于这个值集上的一组操作的总称,数据类型规定了该类型数据的取值范围和所能采取的操作。在高级程序设计语言中,数据类型是数据的一个属性,具有相同数据类型的数据归为一类,例如,C++语言中的整型(int)、实型(float、double)、布尔型(bool)等,除此之外,还允许用户自定义数据类型。可见,数据结构与数据类型之间具有一定的对应关系,基本数据类型对应简单的数据结构,自定义数据类型对应复杂的数据结构。在复杂的数据结构中,允许数据元素本身具有复杂的数据结构。例如,学生学籍登记表中要处理的是学生的基本信息,假设数据元素由学号、姓名、性别、年龄等数据项构成,就需要定义一个结构类型与数据元素相对应。

抽象数据类型是一个数据结构以及定义在该结构上的一组操作的总称,可理解为对数据类型的进一步抽象。在高级程序设计语言中,基本数据类型隐含着数据结构和定义在该结构上的操作的统一。例如,C++中的整型就是整数的数学含义与算术运算(加、减、乘、除等)的统一体。只是由于这些基本数据类型中的数据结构的具体表示、基本操作和具体实现都很规范,可以通过系统内置而隐藏起来。

不言而喻,由于实际问题千奇百怪,问题求解的算法千变万化,所以,抽象数据类型的设计和实现不可能像基本数据类型那样规范。它要求设计人员根据实际情况具体问题具体分析,总的目标是使抽象数据类型对外的整体效率尽可能地高。

1.2.3 逻辑结构与存储结构

数据结构是指相互之间存在一定关系的数据元素的集合。按照视点的不同,数据结构分为逻辑结构和存储结构。

数据的逻辑结构是指数据元素之间逻辑关系的整体。数据通常是非常复杂的,组成数据的数据元素之间可能存在着各种各样的关系。例如,一个工厂里的工人之间可能存在着上下级关系、血缘关系、同乡关系、同学关系等,从数据结构的角度来看,所有这些关系都可以抽象为数据元素之间的逻辑关系。数据的逻辑结构属于用户视图,是面向问题的,反映了数据内部的构成方式。关于逻辑结构,有以下几点需要特别注意:

(1) 逻辑结构与数据元素本身的形式、内容无关。例如,在学生学籍登记表中再增加一个数据项,数据元素之间的逻辑关系仍然是线性的;再如职工工资表的内容与学生学籍登记表的内容完全不同,但数据元素之间的逻辑关系也是线性的。

(2) 逻辑结构与数据元素的相对位置无关。例如,在学生学籍登记表中按某一数据项重新排序,数据元素之间的关系仍然是线性的。

(3) 逻辑结构与所含数据元素的个数无关。例如,在学生学籍登记表中,再增加一名同学的基本信息或删除一名同学的基本信息,数据元素之间的关系仍然是线性的。

(4) 逻辑结构与数据的存储无关,它是独立于计算机的。例如,学生学籍登记表可以按顺序存储结构存储在计算机中,也可以按链接存储结构存储在计算机中,不论以哪种方式存储,其逻辑结构都是线性的。

由此可见,一些表面上很不相同的数据可以有相同的逻辑结构,因此,逻辑结构是数据组织的主要方面。

数据的存储结构是数据及其逻辑结构在计算机中的表示,换言之,存储结构除了存储数据元素之外,必须能隐式或显式地表示数据元素之间的逻辑关系。这样,在逻辑上相邻的数据元素,在存储结构中就未必相邻。例如,父子关系可以看成是逻辑关系,在逻辑上相邻,但他们未必生活在同一个地方,在物理上可能生活在不同的城市,甚至不同的国家。数据的存储结构属于具体实现的视图,是面向计算机的,其基本目标是将数据及其逻辑关系存储到计算机的内存中。

数据的逻辑结构和存储结构是密切相关的两个方面。一般来说,一种数据的逻辑结构根据需要可以用多种存储结构来存储,而采用不同的存储结构,其数据处理的效率往往是不同的。

1.2.4 如何选择或设计数据结构

对于从事程序开发的专业人员来说,不仅应了解和掌握常见的数据结构及其实现方法,更重要的是在此基础上进一步了解和掌握解决下列问题的方法和技能:

(1) 抽象模型:针对给定的实际问题,怎样建立一个"好"的数据结构?

(2) 存储实现:对于选定的数据结构,怎样构造一个"好"的存储实现?

这两个问题是十分复杂的。首先,对给定的实际问题可以建立不同的数据结构;其次,对于给定的数据结构,可以选择不同的存储实现,即采用不同的存储结构;再次,在给定数据结构和存储结构的条件下,对同一基本操作可以设计出不同算法。

从以上分析可以看出,数据的逻辑结构、存储结构和操作(特别是基本操作)的实现这三者是密切相关的。一般地,在选择(或设计)数据结构时应该完成以下三步:

(1) 确定表示问题所需的数据及其特性;

(2) 确定必须支持的基本操作,并度量每种操作所受的时、空资源限制;

(3) 选择(或设计)最接近这些开销的数据结构。

根据这三个步骤来选择数据结构,实际上贯彻了以数据为中心的设计观点。先定义数据和对数据的基本操作,然后确定数据(结构)的表示方法,最后是基本操作的实现。

某些重要的操作,例如查找、插入和删除的资源限制通常决定了数据结构的选择。无论什么时候,只要你选择数据结构就应该仔细考虑以下三个问题:

(1) 初始时把所有数据元素都插入数据结构,还是与其他操作混合在一起插入?

(2) 数据元素可以删除吗?

(3) 所有数据元素是安排在某一个已经定义好的序列中,还是随机进入?

最后,需要强调的是,选择某个结构和选择某个结构的存储表示是不同的。前者是为解决某个问题,在对问题理解的基础上,选择一个合适的逻辑结构表示数据的逻辑关系;后者是对这个逻辑结构为适应求解,即操作的需要,选择一个恰当的存储表示。前者的选择是面向问题,后者的选择是面向机器,这中间有一个"面向问题"的逻辑结构向"面向机器"的存储结构转换的问题,这正是数据结构的研究内容之一。我们学习数据结构的目的在于对大量的数据进行有效处理,合理地应用好计算机的两大资源——时间和空间。

1.2.5 算法设计的一般原则

在设计算法时,遵循下列原则可以在一定程度上指导算法的设计。

1. 理解问题

在完成一个算法任务时,算法设计者往往不能准确地去理解要求他做的是什么以及希望实现什么,而是只有一个大致的想法就匆忙地落笔写算法。

设计算法是一项重要的技能:准确地理解算法的输入是什么? 要求算法做的是什么? 即明确算法的入口和出口,这是设计算法的切入点。

2. 预测所有可能的输入

预测算法所有可能的输入,包括合法的输入和非法的输入。事实上,无法保证一个算法(或程序)永远不会遇到一个错误的输入,一个对大部分输入都运行正确而只有一个输入不行的算法,就像一颗等待爆炸的炸弹。这决不是危言耸听,有大量这种引起灾难性后果的案例。例如许多年以前,整个 AT&T 的长途电话网崩溃,造成了几十亿美元的直接损失。原因只是一段程序的设计者认为他的代码能一直传送正确的参数值。可是有一天,一个不应该有的值作为参数传递了,于是就导致了整个北美电话系统的崩溃。

如果养成习惯——首先考虑问题和它的数据,然后列举出算法必须处理的所有特殊情况,那么可以更快速地成功构造算法。

3. 抽象分级，使解决方案模块化

不仅从整体上理解算法要完成什么任务是重要的，清晰地划分解决方案的各个部分同样也是重要的。抽象和模块化可以有效地帮助我们解决复杂问题，抽象可实现模块化，而模块化使指令的影响局部化，这种局部化可以帮助算法设计者找到难以发现的逻辑错误。好的抽象要求我们将解决方案组合成较小的逻辑模块，使每个子模块及整个算法都比较容易诊断和恢复。

4. 跟踪代码

逻辑错误无法由计算机检测出来，因为计算机只会执行程序，而不会理解动机。经验和研究都表明，一个算法设计者发现算法中的逻辑错误的唯一重要的方法就是系统地跟踪算法代码。跟踪必须要用"心和手"来进行，因为设计者要像计算机一样，用一组输入值来执行该算法，并且这组输入值要能最大可能地暴露算法中的错误。即使有几十年经验的高级软件工程师，也经常利用此方法查找逻辑错误。

1.2.6 算法的时间复杂度分析

算法的执行时间依赖于具体的软硬件环境，所以，不能用执行时间的长短来衡量算法的时间复杂度，而要通过基本语句执行次数的数量级来衡量。

求解算法的时间复杂度的具体步骤如下：

（1）找出算法中的基本语句。算法中执行次数最多的那条语句就是基本语句，通常是最内层循环的循环体。

（2）计算基本语句的执行次数的数量级。只需计算基本语句执行次数的数量级，这就意味着只要保证基本语句执行次数的函数中的最高次幂正确即可，可以忽略所有低次幂和最高次幂的系数。这样能够简化算法分析，并且使注意力集中在最重要的一点上，即增长率。

（3）用大 O 记号表示算法的时间性能。将基本语句执行次数的数量级放入大 O 记号。

如果算法中包含嵌套的循环，则基本语句通常是最内层的循环体，如果算法中包含并列的循环，则将并列循环的时间复杂度相加。例如：

```
for (i=1; i<=n; i++)
    x++;
for (i=1; i<=n; i++)
    for (j=1; j<=n; j++)
        x++;
```

第一个 for 循环的时间复杂度为 $O(n)$，第二个 for 循环的时间复杂度为 $O(n^2)$，则整个算法的时间复杂度为 $O(n+n^2)=O(n^2)$。

常见的算法时间复杂度由小到大依次为：

$$O(1)<O(\log_2 n)<O(n)<O(n\log_2 n)<O(n^2)<O(n^3)<\cdots<O(2^n)<O(n!)$$

$O(1)$ 表示基本语句的执行次数是一个常数，一般来说，只要算法中不存在循环语句，

其时间复杂度就是 $O(1)$。$O(\log_2 n)$、$O(n)$、$O(n\log_2 n)$、$O(n^2)$ 和 $O(n^3)$ 等称为多项式时间,而 $O(2^n)$ 和 $O(n!)$ 称为指数时间。计算机科学家普遍认为前者是有效算法,把这类问题称为易解问题,而把后者称为难解问题。

1.3 习题解析

1.3.1 课后习题讲解

1. 填空题

（1）（ ）是数据的基本单位,在计算机程序中通常作为一个整体进行考虑和处理。

【解答】 数据元素。

（2）（ ）是数据的最小单位,（ ）是讨论数据结构时涉及的最小数据单位。

【解答】 数据项,数据元素。

【分析】 数据结构指的是数据元素以及数据元素之间的关系。

（3）从逻辑关系上讲,数据结构主要分为（ ）、（ ）、（ ）和（ ）。

【解答】 集合,线性结构,树结构、图结构。

（4）数据的存储结构主要有（ ）和（ ）两种基本方法,不论哪种存储结构,都要存储两方面的内容:（ ）和（ ）。

【解答】 顺序存储结构,链接存储结构,数据元素,数据元素之间的关系。

（5）算法具有五个特性,分别是（ ）、（ ）、（ ）、（ ）、（ ）。

【解答】 有零个或多个输入,有一个或多个输出,有穷性,确定性,可行性。

（6）算法的描述方法通常有（ ）、（ ）、（ ）和（ ）四种,其中,（ ）被称为算法语言。

【解答】 自然语言,程序设计语言,流程图,伪代码,伪代码。

（7）在一般情况下,一个算法的时间复杂度是（ ）的函数。

【解答】 问题规模。

（8）设待处理问题的规模为 n,若一个算法的时间复杂度为一个常数,则表示成数量级的形式为（ ）,若为 $2n \times \log_2 5n + 8n$,则表示成数量级的形式为（ ）。

【解答】 $O(1)$,$O(n\log_2 n)$。

【分析】 用大 O 记号表示算法的时间复杂度,需要将低次幂去掉,将最高次幂的系数去掉。

2. 单项选择题

（1）顺序存储结构中数据元素之间的逻辑关系是由（ ）表示的,链接存储结构中的数据元素之间的逻辑关系是由（ ）表示的。

    A. 线性结构   B. 非线性结构   C. 存储位置   D. 指针

【解答】 C,D。

【分析】 顺序存储结构就是用一维数组存储数据结构中的数据元素,其逻辑关系由存储位置(即元素在数组中的下标)表示;链接存储结构中一个数据元素对应链表中的一个结点,元素之间的逻辑关系由结点中的指针表示。

(2) 假设有如下遗产继承规则:丈夫和妻子可以相互继承遗产;子女可以继承父亲或母亲的遗产;子女间不能相互继承遗产。则表示该遗产继承关系的最合适的数据结构应该是(   )。

　　A. 树　　　　　B. 图　　　　　C. 线性表　　　　D. 集合

【解答】　B。

【分析】　将丈夫、妻子和子女分别作为数据元素,根据继承关系画出逻辑结构图如图 1-2 所示。

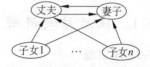

图 1-2　遗产继承逻辑结构图

(3) 计算机所处理的数据一般具有某种内在联系,这是指(   )。

　　A. 数据和数据之间存在某种关系

　　B. 元素和元素之间存在某种关系

　　C. 元素内部具有某种结构

　　D. 数据项和数据项之间存在某种关系

【解答】　B。

【分析】　数据结构是指相互之间存在一定关系的数据元素的集合,数据元素是讨论数据结构时涉及的最小数据单位,元素内部各数据项一般不予考虑。

(4) 对于数据结构的描述,下列说法中不正确的是(   )。

　　A. 相同的逻辑结构对应的存储结构也必相同

　　B. 数据结构由逻辑结构、存储结构和基本操作三方面组成

　　C. 对数据结构基本操作的实现与存储结构有关

　　D. 数据的存储结构是数据的逻辑结构的机内实现

【解答】　A。

【分析】　相同的逻辑结构可以用不同的存储结构实现,一般来说,在不同的存储结构下基本操作的实现是不同的,例如线性表可以顺序存储也可以链接存储,在顺序存储和链接存储结构下插入操作的实现截然不同。

(5) 可以用(   )定义一个完整的数据结构。

　　A. 数据元素　　　B. 数据对象　　　C. 数据关系　　　D. 抽象数据类型

【解答】　D。

【分析】　抽象数据类型是一个数据结构以及定义在该结构上的一组操作的总称。

(6) 算法指的是(   )。

　　A. 对特定问题求解步骤的一种描述,是指令的有限序列。

　　B. 计算机程序

　　C. 解决问题的计算方法

　　D. 数据处理

【解答】　A。

【分析】　计算机程序是对算法的具体实现;简单地说,算法是解决问题的方法;数据处理是通过算法完成的。所以,只有 A 是算法的准确定义。

(7) 下面( )不是算法所必须具备的特性。
　　A. 有穷性　　　B. 确切性　　　C. 高效性　　　D. 可行性
【解答】　C。
【分析】　高效性是好算法应具备的特性。
(8) 算法分析的目的是( ),算法分析的两个主要方面是( )。
　　A. 找出数据结构的合理性　　　　　B. 研究算法中输入和输出的关系
　　C. 分析算法的效率以求改进　　　　D. 分析算法的易读性和文档性
　　E. 空间性能和时间性能　　　　　　F. 正确性和简明性
　　G. 可读性和文档性　　　　　　　　H. 数据复杂性和程序复杂性
【解答】　C,E。

3. 判断题

(1) 算法的时间复杂度都要通过算法中的基本语句的执行次数来确定。
【解答】　错。
【分析】　时间复杂度要通过算法中基本语句执行次数的数量级来确定。
(2) 每种数据结构都具备三个基本操作：插入、删除和查找。
【解答】　错。
【分析】　数组就没有插入和删除操作。此题要注意的是针对每种数据结构。
(3) 所谓数据的逻辑结构指的是数据之间的逻辑关系。
【解答】　错。
【分析】　数据的逻辑结构是数据之间的逻辑关系的整体。
(4) 逻辑结构与数据元素本身的内容和形式无关。
【解答】　对。
【分析】　因此逻辑结构是数据组织的主要方面。
(5) 基于某种逻辑结构之上的基本操作,其实现是唯一的。
【解答】　错。
【分析】　基本操作的实现是基于某种存储结构设计的,因而不是唯一的。

4. 简答题

(1) 分析以下各程序段,并用大 O 记号表示其执行时间。

① i = 1; k = 0;
   while (i <= n)
   {
      k = k + 10 * i;
      i ++ ;
   }

② i = 1; k = 0;
   do
   {
      k = k + 10 * i;
      i ++ ;
   } while (i <= n);

③ i = 1; j = 0;
   while (i + j <= n)
      if (i > j) j ++ ;
      else i ++ ;

④ y = 0;
   while ((y + 1) * (y + 1) <= n)
      y = y + 1;

⑤ for (i = 1; i <= n; i ++)
　　for (j = 1; j <= i; j ++)
　　　for (k = 1; k <= j; k ++)
　　　　x ++ ;

【解答】 ① 基本语句是 $k=k+10*i$，共执行了 $n-2$ 次，所以 $T(n)=O(n)$。
② 基本语句是 $k=k+10*i$，共执行了 n 次，所以 $T(n)=O(n)$。
③ 分析条件语句，每循环一次，$i+j$ 整体加 1，共循环 n 次，所以 $T(n)=O(n)$。
④ 设循环体共执行 $T(n)$ 次，每循环一次，循环变量 y 加 1，最终 $T(n)=y$，即：$(T(n)+1)^2 \leqslant n$，所以 $T(n)=O(n^{1/2})$。
⑤ $x++$ 是基本语句，所以 $T(n) = \sum_{i=1}^{n}\sum_{j=1}^{i}\sum_{k=1}^{j} 1 = O(n^3)$。

（2）设有数据结构 (D,R)，其中 $D=\{1,2,3,4,5,6\}$，$R=\{(1,2),(2,3),(2,4),(3,4),(3,5),(3,6),(4,5),(4,6)\}$。试画出其逻辑结构图并指出属于哪种结构。

【解答】 其逻辑结构图如图 1-3 所示，它是一种图结构。

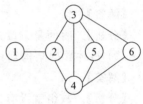

图 1-3　第（2）题的逻辑结构图

（3）为整数定义一个抽象数据类型，包含整数的常见运算，每个运算对应一个基本操作，每个基本操作的接口需定义前置条件、输入、功能、输出和后置条件。

【解答】 整数的抽象数据类型定义如下：

ADT integer
Data
　　整数：可以是正整数(1, 2, 3, …)、负整数(-1, -2, -3, …)和零
Operation
　Constructor
　　　前置条件：整数 a 不存在
　　　输入：一个整数 b
　　　功能：构造一个与输入值相同的整数
　　　输出：无
　　　后置条件：整数 a 具有输入的值
　Set
　　　前置条件：存在一个整数 a
　　　输入：一个整数 b
　　　功能：修改整数 a 的值，使之与输入的整数值相同
　　　输出：无
　　　后置条件：整数 a 的值发生改变
　Add
　　　前置条件：存在一个整数 a
　　　输入：一个整数 b
　　　功能：将整数 a 与输入的整数 b 相加
　　　输出：相加后的结果

后置条件：整数 a 的值发生改变
Sub
　　前置条件：存在一个整数 a
　　输入：一个整数 b
　　功能：将整数 a 与输入的整数 b 相减
　　输出：相减的结果
　　后置条件：整数 a 的值发生改变
Multi
　　前置条件：存在一个整数 a
　　输入：一个整数 b
　　功能：将整数 a 与输入的整数 b 相乘
　　输出：相乘的结果
　　后置条件：整数 a 的值发生改变
Div
　　前置条件：存在一个整数 a
　　输入：一个整数 b
　　功能：将整数 a 与输入的整数 b 相除
　　输出：若整数 b 为 0，则抛出除 0 异常，否则输出相除的结果
　　后置条件：整数 a 的值发生改变
Mod
　　前置条件：存在一个整数 a
　　输入：一个整数 b
　　功能：求当前整数与输入整数的模，即正的余数
　　输出：若整数 b 为 0，则抛出除 0 异常，否则输出取模的结果
　　后置条件：整数 a 的值发生改变
Equal
　　前置条件：存在一个整数 a
　　输入：一个整数 b
　　功能：判断整数 a 与输入的整数 b 是否相等
　　输出：若相等返回 1，否则返回 0
　　后置条件：整数 a 的值不发生改变
endADT

（4）求多项式 $A(x)$ 的算法可根据下列两个公式之一来设计：
① $A(x) = a_n x^n + a_{n-1} x^{n-1} + \cdots + a_1 x + a_0$
② $A(x) = (\cdots(a_n x + a_{n-1})x + \cdots + a_1)x + a_0$
根据算法的时间复杂度分析比较这两种算法的优劣。

【解答】　第二种算法的时间性能要好些。第一种算法需执行大量的乘法运算，而第二种算法进行了优化，减少了不必要的乘法运算。

（5）选择和评价数据结构的标准与方法是什么？

【解答】　首先，对给定的实际问题可以建立不同的数据结构；其次，对于给定的数据结构，可以选择不同的存储实现，即采用不同的存储结构；再次，在给定数据结构和存储结构的条件下，对同一基本操作可以设计出不同算法。因此，数据的逻辑结构、存储结构和

操作(特别是基本操作)的实现这三者是密切相关的。一般地,在建立数据结构时应该考虑以下三个方面:

① 确定表示问题所需的数据及其特性。

② 确定必须支持的基本操作,并度量每种操作所受的时、空资源限制,某些重要的操作,例如查找、插入和删除的资源限制通常决定了数据结构的选择。

③ 选择(或设计)最接近这些开销的数据结构。

5. 算法设计题

用伪代码描述和 C++ 描述两种方法描述下列两个小题的算法,并分析时间复杂度。

(1) 对一个整型数组 A[n] 设计一个排序算法。

【解答】 下面是简单选择排序算法的伪代码描述。

1. 对 n 个记录进行 n−1 趟简单选择排序:
   1.1 在无序区 [i, n−1] 中选取最小记录,设其下标为 index;
   1.2 将最小记录与第 i 个记录交换;

下面是简单选择排序算法的 C++ 描述。

简单选择排序算法 SelectSort

```
void SelectSort(int r[ ], int n)
{
    for (i = 0; i < n−1; i++)            //对 n 个记录进行 n−1 趟简单选择排序
    {
        index = i;
        for (j = i+1; j < n; j++)         //在无序区中选取最小记录
            if (r[j] < r[index]) index = j;
        if (index != i) r[i]←→r[index];   //交换元素
    }
}
```

分析算法,有两层嵌套的 for 循环,所以,$T(n) = \sum_{i=0}^{n-2} \sum_{j=i+1}^{n-1} 1 = O(n^2)$。

(2) 找出整型数组 A[n] 中元素的最大值和次最大值。

【解答】 算法的伪代码描述如下:

1. 将前两个元素进行比较,较大者放到 max 中,较小者放到 nmax 中;
2. 从第 3 个元素开始直到最后一个元素依次取元素 A[i],执行下列操作:
   2.1 如果 A[i]>max,则 A[i] 为最大值,原来的最大值为次最大值;
   2.2 否则,如果 A[i]>nmax,则最大值不变,A[i] 为次最大值;
3. 输出最大值 max 和次最大值 nmax;

算法的 C++ 描述如下:

最大值和次最大值算法 Max_NextMax

```cpp
void Max_NextMax(int A[ ], int n, int & max, int & nmax)
{
    if (A[0] >= A[1]) {
        max = A[0]; nmax = A[1];
    }
    else {
        max = A[1]; nmax = A[0];
    }
    for (i = 2; i < n; i++)
        if (A[i] >= max) {
            nmax = max; max = A[i];
        }
        else if (A[i] > nmax)
            nmax = A[i];
    cout<<"最大值为:"<<max<<"\n次最大值为:"<<nmax<<endl;
}
```

分析算法,只有一层循环,共执行 $n-2$ 次,所以,$T(n)=O(n)$。

1.3.2 学习自测题及答案

1. 填空题

(1) 顺序存储结构的特点是(　　),链接存储结构的特点是(　　)。

【解答】 用元素在存储器中的相对位置来表示数据元素之间的逻辑关系,用指示元素存储地址的指针表示数据元素之间的逻辑关系。

(2) 算法在发生非法操作时可以作出处理的特性称为(　　)。

【解答】 健壮性。

(3) 常见的算法时间复杂度用大 O 记号表示为:常数阶(　　)、对数阶(　　)、线性阶(　　)、平方阶(　　)和指数阶(　　)。

【解答】 $O(1),O(\log_2 n),O(n),O(n^2),O(2^n)$。

2. 简答题

(1) 将下列函数按它们在 $n\rightarrow\infty$ 时的无穷大阶数,从小到大排列。

n, $n-n^3+7n^5$, $n\log n$, $2^{n/2}$, n^3, $\log_2 n$, $n^{1/2}+\log_2 n$, $(3/2)^n$, $n!$, $n^2+\log_2 n$

【解答】 $\log_2 n$, $n^{1/2}+\log_2 n$, n, $n\log_2 n$, $n^2+\log_2 n$, n^3, $n-n^3+7n^5$, $2^{n/2}$, $(3/2)^n$, $n!$

(2) 试描述数据结构和抽象数据类型的概念与程序设计语言中数据类型概念的区别。

【解答】 数据结构是指相互之间存在一定关系的数据元素的集合。而抽象数据类型是指一个数据结构以及定义在该结构上的一组操作。程序设计语言中的数据类型是一个值的集合和定义在这个值集上一组操作的总称。抽象数据类型可以看成是对数据类型的一种抽象。

(3) 对下列用二元组表示的数据结构,试分别画出对应的逻辑结构图,并指出属于哪种结构。

① $A=(D,R)$,其中 $D=\{a1, a2, a3, a4\}$,$R=\{\ \}$。

② $B=(D,R)$,其中 $D=\{a, b, c, d, e, f\}$,$R=\{<a,b>,<b,c>,<c,d>,<d,e>,<e,f>\}$。

③ $C=(D,R)$,其中 $D=\{a, b, c, d, e, f\}$,$R=\{<d,b>,<d,g>,<b,a>,<b,c>,<g,e>,<g,h>\}$。

④ $D=(D,R)$,其中 $D=\{1, 2, 3, 4, 5, 6\}$,$R=\{(1,2),(1,4),(2,3),(2,4),(3,4),(3,5),(3,6),(4,6)\}$。

【解答】 ① 属于集合,其逻辑结构图如图 1-4(a)所示。

② 属于线性结构,其逻辑结构图如图 1-4(b)所示。

③ 属于树结构,其逻辑结构图如图 1-4(c)所示。

④ 属于图结构,其逻辑结构图如图 1-4(d)所示。

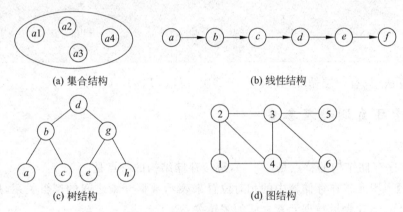

图 1-4 第(3)题的逻辑结构图

(4) 求下列算法的时间复杂度。

```
count = 0; x = 1;
while (x < n)
{
    x *= 2;
    count ++;
}
return count;
```

【解答】 $O(\log_2 n)$。

第 2 章 线 性 表

2.1 本章导学

1. 知识结构图

本章的知识结构如图 2-1 所示。

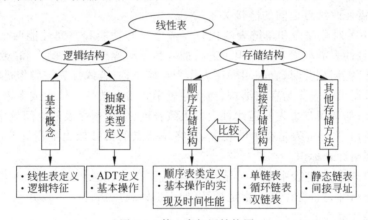

图 2-1　第 2 章知识结构图

2. 学习要点

本章虽然讨论的是线性表,但涉及的许多问题都具有一定的普遍性,因此,本章是本书的重点内容之一,也是后续章节的重要基础。

本章的学习要从两条明线、一条暗线出发。两条明线是线性表的逻辑结构和存储结构,一条暗线是算法(即基本操作的实现)。注意线性表的 ADT 定义、顺序表类定义和单链表类定义三者之间的关系;注意在不同的存储结构下,相同操作的不同实现算法;注意对顺序表和链表从时间性能和空间性能等方面进行综合对比,在实际应用中能为线性表选择或设计合适的存储结构。

3. 重点整理

(1) 线性表是 0 个或多个具有相同类型的数据元素的有限序列。在这个序列中,每个元素最多有一个前驱和一个后继。

(2) 线性表的顺序存储结构称为顺序表,是用一段地址连续的存储单元依次存储线性表的数据元素,通常用一维数组来实现。

(3) 顺序表中数据元素之间的逻辑关系是用存储位置表示的,顺序表是随机存取结构。

(4) 在顺序表上实现插入和删除操作,在等概率情况下,平均要移动表中一半的元素,算法的平均时间复杂度为 $O(n)$。

(5) 顺序表的优点是:无需为表示表中元素之间的逻辑关系而增加额外的存储空间;随机存取。顺序表的缺点是:插入和删除操作需移动大量元素;表的容量难以确定;造成存储空间的"碎片"。

(6) 线性表的链接存储结构称为链表,是用一组任意的存储单元存放线性表的元素,元素的逻辑次序和物理次序不一定相同。

(7) 在单链表中,头指针指向第一个元素所在的结点,具有标识一个单链表的作用;最后一个元素所在结点的指针域为空(图示中用"∧"表示),称为尾标志;为了运算方便,在单链表的开始结点之前附设一个类型相同的结点,称为头结点。

(8) 单链表中数据元素之间的逻辑关系用指针表示,单链表是顺序存取结构。

(9) 在单链表上实现插入和删除操作,无需移动结点,在将工作指针指向合适的位置后,仅需修改结点之间的链接关系。

(10) 对顺序表和单链表的比较要考虑时间性能和空间性能两个方面。作为一般规律,若线性表需频繁查找却很少进行插入和删除操作,或其操作和"数据元素在线性表中的位置"密切相关时,宜采用顺序表作为存储结构;若线性表需频繁进行插入和删除操作,则宜采用单链表作为存储结构;当线性表中元素个数变化较大或者未知时,最好使用单链表实现;如果用户事先知道线性表的大致长度,使用顺序表的空间效率会更高。

(11) 循环链表是在单链表中,将终端结点的指针域由空指针改为指向头结点,通常采用尾指针来标识。

(12) 循环链表中没有明显的尾端,需要格外注意循环条件,通常判断用作循环变量的工作指针是否等于某一指定指针(如头指针或尾指针等),以判定工作指针是否周游了整个循环链表。

(13) 双链表是在单链表的每个结点中再设置一个指向其前驱结点的指针域。双链表是一种对称结构,便于实现各种操作。

(14) 静态链表是用数组来描述单链表,用数组元素的下标来模拟单链表的指针(称为游标)。静态链表在插入和删除操作时,只需要修改游标,不需要移动表中的元素。

(15) 间接寻址是将数组中存储数据元素的单元改为存储指向该元素的指针。间接寻址保持了顺序表随机存取的优点,同时改进了插入和删除操作的时间性能。

2.2 重点难点释疑

2.2.1 存储结构与存取结构

存储结构和存取结构是两个不同的概念。

存储结构是数据及其逻辑结构在计算机中的表示,通常有两种存储结构:顺序存储结构和链接存储结构。顺序存储结构用一组连续的存储单元依次存储数据元素,数据元素之间的逻辑关系是由元素的存储位置来表示的,例如顺序表是线性表的顺序存储结构;链接存储结构用一组任意的存储单元存储数据元素,数据元素之间的逻辑关系是用指针来表示的,例如单链表是线性表的链接存储结构。

存取结构是在一个数据结构上对查找操作的时间性能的一种描述,通常有两种存取结构:随机存取结构和顺序存取结构。随机存取结构是指在一个数据结构上进行查找的时间性能是 $O(1)$,即查找任意一个数据元素的时间是相等的,均为常数时间,例如顺序表是一种随机存取结构;顺序存取结构是指在一个数据结构上进行查找的时间性能是 $O(n)$,即存取一个数据元素的时间复杂度是线性的,与该元素在结构中的位置有关,例如单链表是一种顺序存取结构。

2.2.2 头指针、尾标志、开始结点与头结点

在图 2-2 所示单链表中,first 是头指针变量,其值称为头指针,在不致混淆的情况下,通常将头指针变量简称为头指针。头指针指向单链表中的第一个结点,因而具有标识单链表的作用。

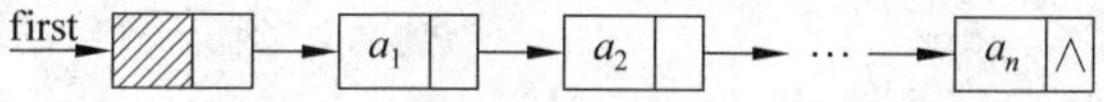

图 2-2 带头结点的单链表

在单链表的终端结点的指针域中存放一个空指针,这个空指针称为尾标志,因为空指针不指向任何结点,因而尾标志具有标识单链表结束的作用。

开始结点是线性表中第一个元素所在的结点,相应地,最后一个元素所在的结点称为终端结点。

头结点是为了运算方便,在单链表的开始结点之前附设的一个类型相同的结点。在单链表中加上头结点后,头指针指向头结点,头结点的指针域指向开始结点。

2.2.3 带头结点的单链表与不带头结点的单链表的比较

在不带头结点的单链表中,除了开始结点外,其他每个结点的存储地址都存放在其前驱结点的指针域中,而开始结点是由头指针指示的。这个特例需要在单链表实现时特殊处理,这增加了程序的复杂性和出错的机会。因此,通常在单链表的开始结点之前附设一个头结点,如图 2-3 所示。

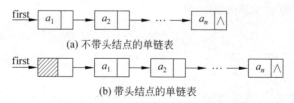

(a) 不带头结点的单链表

(b) 带头结点的单链表

图 2-3 带头结点的单链表和不带头结点的单链表的对比

下面以单链表的插入操作为例,讨论二者在算法实现上的差别,从而理解为什么要为单链表加上头结点。

在带头结点的单链表中插入一个结点,在表头、表中间和表尾的操作语句相同,不用特殊处理,如图 2-4 所示,具体算法如下:

带头结点单链表的插入算法 Insert

```
template <class T>
void LinkList::Insert(int i, T x)
{
    p = first; j = 0;                          //工作指针 p 初始化
    while (p != NULL && j < i-1)
    {
        p = p->next;                           //工作指针 p 后移
        j++;
    }
    if (p == NULL) throw "位置非法";
    else {
        s = new Node<T>; s->data = x;          //向内存申请一个结点 s,其数据域为 x
        s->next = p->next;                     //将结点 s 插入到结点 p 之后
        p->next = s;
    }
}
```

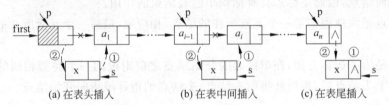

(a) 在表头插入　　　　(b) 在表中间插入　　　　(c) 在表尾插入

图 2-4　在带头结点的单链表中插入结点时指针的变化情况
(① s->next=p->next; ② p->next=s;)

在不带头结点的单链表中插入一个结点,在表头的操作和在表中间以及表尾的操作语句是不同的,需要特殊处理,如图 2-5 所示,具体算法如下:

不带头结点单链表的插入算法 Insert

```
template <class T>
void LinkList::Insert(int i, T x)
{
    if (i == 1) {
        s = new Node<T>; s->data = x;          //申请一个结点 s,其数据域为 x
        s->next = first;                       //将结点 s 插入到头指针之后
        first = s;
    }
```

```
else {
    p = first; j = 0;                          //工作指针p初始化
    while (p != NULL && j < i-1)
    {
        p = p->next;                           //工作指针p后移
        j++;
    }
    if (p == NULL) throw "位置非法";
    else {
        s = new Node<T>; s->data = x;          //申请一个结点s,其数据域为x
        s->next = p->next;                     //将结点s插入到结点p之后
        p->next = s;
    }
}
```

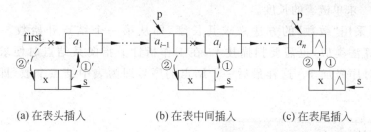

(a) 在表头插入　　　　　(b) 在表中间插入　　　　　(c) 在表尾插入

图 2-5　在不带头结点的单链表中插入结点时指针的变化情况

(①′ s->next=first；②′ first=s；① s->next=p->next；② p->next=s；)

可见在不带头结点的单链表中实现插入操作,算法不仅冗长,而且需要考虑在表头操作的特殊情况,容易出现错误。所以,在单链表中,除非特别说明不能带头结点,否则,为了运算方便,都要加上头结点。

2.2.4　单链表的算法设计技巧

1. 单链表的遍历及应用

在与单链表有关的算法中,遍历单链表是最基本也是最典型的算法。所谓遍历单链表是指按序号依次访问单链表中的所有结点且仅访问一次。以下算法如没有特殊说明,都带头结点。

算法 2-1　设计算法实现单链表的遍历。

分析:本算法要求依次打印单链表中每个结点的数据域,所以需设置一个工作指针 p 依次指向各结点,当指针 p 指向某结点时打印该结点的数据域,然后将 p 修改为指向其后继结点,对每个结点依次执行上述操作,直到 p 为 NULL。具体算法如下:

单链表遍历算法 Traverse

```
template <class T>
void Traverse(Node<T> * first)
{
    p = first->next;              //工作指针 p 初始化
    while (p != NULL)
    {
        cout<<p->data;
        p = p->next;              //工作指针 p 后移
    }
}
```

该算法的核心是"工作指针后移"操作。从头结点（或开始结点）开始，通过工作指针的反复后移而将整个单链表"审视"一遍的方法称为"扫描"。扫描是单链表的一种常用技术，在很多算法中都要用到。

算法 2-2 求单链表的长度。

分析：可采用"数数"的方法来求其长度，即从第一个结点开始数，一直数到表尾。同遍历算法类似，也需要扫描技术，在工作指针 p 指向某结点时便求出其序号，并且 p 后移时序号加 1。这样最后一个结点的序号即为表中结点个数（即长度）。具体算法如下：

求单链表长度算法 Length

```
template <class T>
int Length(Node<T> * first)
{
    p = first->next; j = 0;       //工作指针 p,累加器 j 初始化
    while (p != NULL)
    {
        p = p->next;
        j++;
    }
    return j;                     //注意 j 的初始化和返回值之间的关系
}
```

算法 2-3 判断非空单链表是否递增有序。

分析：若单链表的长度为 1，则结论显然成立。若单链表的长度大于 1，则需判断每个结点的值是否小于其后继结点的值，所以本算法应设两个工作指针 p 和 q，p 指向当前结点，q 始终指向 p 的后继（如果后继结点存在），在扫描的过程中进行 p 所指结点值和 q 所指结点值的比较，然后 p 和 q 同时后移。具体算法如下：

判断单链表是否递增算法 Increase

```
template <class T>
int Increase(Node<T> * first)
{
    p = first->next;                        //因为单链表非空,所以 p 非空且指向开始结点
    while (p->next != NULL)                 //当 p 的后继结点存在,进行比较
    {
        q = p->next;
        if (p->data < q->data) p = q;
        else return 0;
    }
    return 1;
}
```

算法 2-4 将单链表逆置。

分析：单链表逆置前后指针域的变化情况如图 2-6 所示。

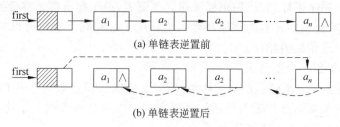

(a) 单链表逆置前

(b) 单链表逆置后

图 2-6 单链表逆置前后指针域的变化

该算法就是要修改每个结点的指针域,即把指向后继结点的指针改为指向前驱结点,实现方法应该是在扫描的过程中对工作指针 p 所指结点作指针域前指操作,在修改指针时需注意以下三个问题：

(1) 逆置后使得原来指向后继结点的指针被破坏,扫描将进行不下去,为此在修改指针前要保留该结点的后继结点的地址。

(2) 逆置需将结点 p 的前驱结点的地址填入结点 p 的指针域中,为此要保存 p 的前驱结点的地址。

(3) 全部逆置后,头结点的指针域应指向原表的终端结点。

所以在扫描过程中要设置两个工作指针 p、pre 和一个临时指针 r,其中 pre 始终指向原表中 p 的前驱,r 暂存结点 p 的后继结点的地址。具体算法如下：

单链表逆置算法 Reverse

```
template <class T>
void Reverse(Node<T> * first)
{
    p = first->next; pre = NULL;            //pre 和 p 初始化
```

```
while (p != NULL)
{
    r = p->next;                //暂存结点 p 的后继结点的地址
    p->next = pre;              //将结点 p 的指针域指向其前驱结点
    pre = p;
    p = r;
}
first->next = pre;              //退出循环后 pre 指向原表的终端结点
}
```

2. 单链表的建立及应用

建立单链表的过程是一个动态生成的过程,即从空表的初始状态起,依次建立各元素结点,并逐个插入单链表。有两种建立单链表的方法:头插法和尾插法,具体算法请参考主教材相关内容。

用头插法建立单链表,由于每次都是将待插结点插在头结点之后,使得单链表中元素的顺序和读入的顺序正好相反;用尾插法建立单链表,由于每次都是将待插结点插在终端结点之后,使得单链表中元素的顺序和读入的顺序正好相同。有时可以利用这个特点完成具有顺序相同或相反的操作。

算法 2-5 复制一个单链表。

分析:本题是建立单链表的一个拷贝,所以要依次处理已知单链表中的每个结点,对每个结点复制一个新结点并插入到新的单链表中。因为是原表的一个拷贝,要保持原有的顺序,所以用尾插法。具体算法如下:

单链表复制算法 Copy
```
template <class T>
Node<T> * Copy(Node<T> * first)
{
    head = new Node<T>;
    p = first->next; r = head;
    while (p != NULL)
    {
        s = new Node<T>; s->data = p->data;
        r->next = s; r = s;
        p = p->next;
    }
    r->next = NULL;
    return head;
}
```

算法 2-6 利用头插法将单链表逆置。

分析:用头插法建立的单链表,元素的顺序和插入顺序正好相反,因此考虑利用头插法。首先,将原表的头结点作为新表的头结点,为此要将工作指针 p 预置在开始结点上,然后,依次取原表中的结点插在新表的头结点之后。在逆置的过程中,需注意后继结点的地址将被破坏。所以,在取原表结点之前,将后继结点的地址暂存起来。具体算法如下:

单链表逆置算法 Reverse

```
template <class T>
void Reverse(Node<T> * first)
{
    p = first->next;
    first->next = NULL;
    while (p != NULL)
    {
        u = p->next;                    //暂存后继结点地址
        p->next = first->next;          //插在头结点之后
        first->next = p;
        p = u;
    }
}
```

2.2.5 有序单链表的算法设计技巧

若线性表中的数据元素之间可以进行比较,并且数据元素在线性表中按值非递减或非递增有序排列,即 $a_{i-1} \geqslant a_i$ 或 $a_{i-1} \leqslant a_i (2 \leqslant i \leqslant n)$,则称该线性表为有序表。有序表的基本操作和线性表大致相同,但由于有序表中的数据元素有序排列,因此在有序表中的操作要充分利用线性表的有序性。下面讨论在有序单链表上的算法设计。

算法 2-7 在一个有序单链表(从小到大排列)中插入一个元素值为 x 的结点,使插入后单链表仍然有序。

分析:先建立一个待插入的结点,然后依次与单链表中各结点的数据域比较大小,找到该结点的插入位置,最后插入该结点。寻找某结点的插入位置可以有两种方法:

(1) 设一个工作指针:设置一个工作指针 p,x 是和 p 的后继结点的数据域比较,这样,在找到插入位置后,待插结点正好插在 p 所指的结点之后。具体算法如下:

有序单链表插入算法 Insert

```
template <class T>
void Insert(Node<T> * first, T x)
{
    s = new Node<T>; s->data = x;
    p = first;
    while (p->next != NULL && p->next->data < x)
        p = p->next;
    s->next = p->next; p->next = s;
}
```

(2) 设两个工作指针：设置两个工作指针 pre 和 p，pre 指向 p 的前驱结点，p 指向待比较的结点，找到插入位置后，待插结点插在 pre 和 p 之间。具体算法如下：

有序单链表插入算法 Insert

```cpp
template <class T>
void Insert(Node<T> *first, T x)
{
    s = new Node<T>; s->data = x;              //建立待插入的结点 s
    pre = first; p = first->next;
    while (p != NULL && p->data < x)
    {
        pre = p;
        p = p->next;
    }
    s->next = p; pre->next = s;                //结点 s 插在 pre 和 p 之间
}
```

2.2.6 循环链表的算法设计技巧

在循环链表中，终端结点的指针域指向头结点，整个单链表形成一个由指针链接的环。由头指针 first 指示的循环链表的操作和单链表的操作基本一致，差别仅在于算法中判别表尾的循环条件，将单链表中的循环条件 p!=NULL 改为 p!=first；将 p->next!=NULL 改为 p->next!=first 即可。

算法 2-8 求循环链表的长度。

分析：算法的基本思想与单链表相同，也可采用"数数"的方法来求其长度，注意循环条件应是 p!=first，具体算法如下：

求循环链表长度算法 Length

```cpp
template <class T>
int Length(Node<T> *first)
{
    p = first->next; j = 0;                    //工作指针 p，累加器 j 初始化
    while (p != first)
    {
        p = p->next;
        j++;
    }
    return j;
}
```

在循环链表中,为了头尾相顾,即方便查找开始结点和终端结点,通常附设头结点,并设尾指针指向终端结点而不设头指针。

算法 2-9 有两个循环链表 tail1 和 tail2(tail1 和 tail2 分别是指向循环链表的尾指针),编写算法将循环链表 tail2 链接到循环链表 tail1 之后,并使链接后的链表仍是循环链表。

分析:因为循环链表由尾指针指示,所以,实现两个循环链表首尾相接只需修改下列指针(注意指针修改的相对顺序)。

(1) u = tail1 -> next; v = tail2 -> next;   //暂存两个循环链表的头结点的地址
(2) tail1 -> next = v -> next; tail2 -> next = u;   //修改指针,如图 2-7 所示
(3) tail1 = tail2;   //合并后的循环链表由 tail1 指示

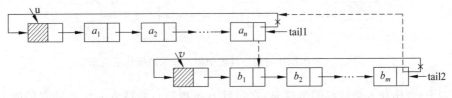

图 2-7 循环链表合并的操作示意图

2.3 习题解析

2.3.1 课后习题讲解

1. 填空题

(1) 对于顺序表,在等概率情况下,插入和删除一个元素平均需移动(　　)个元素,具体移动元素的个数与(　　)和(　　)有关。

【解答】 表长的一半,表长,该元素在表中的位置。

(2) 顺序表中第一个元素的存储地址是 100,每个元素的长度为 2,则第 5 个元素的存储地址是(　　)。

【解答】 108。

【分析】 第 5 个元素的存储地址 = 第 1 个元素的存储地址 + (5−1)×2 = 108。

(3) 设单链表中指针 p 指向结点 A,若要删除 A 的后继结点(假设 A 存在后继结点),则需修改指针的操作为(　　)。

【解答】 p->next = (p->next)->next。

(4) 单链表中设置头结点的作用是(　　)。

【解答】 为了运算方便。

【分析】 例如在插入和删除操作时不必对表头的情况进行特殊处理。

(5) 非空的单循环链表由头指针 head 指示,则其尾结点(由指针 p 所指)满足(　　)。

【解答】 p->next = head。

【分析】 如图 2-8 所示。

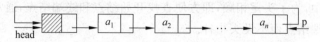

图 2-8 尾结点 p 与头指针 head 的关系示意图

(6) 在由尾指针 rear 指示的单循环链表中,在表尾插入一个结点 s 的操作序列是(   );删除开始结点的操作序列为(   )。

【解答】 s->next=rear->next; rear->next=s; rear=s;
q=rear->next->next; rear->next->next=q->next; delete q;

【分析】 操作示意图如图 2-9 所示。

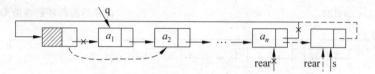

图 2-9 带尾指针的循环链表中插入和删除操作示意图

(7) 一个具有 n 个结点的单链表,在指针 p 所指结点后插入一个新结点的时间复杂度为(   );在给定值为 x 的结点后插入一个新结点的时间复杂度为(   )。

【解答】 $O(1)$,$O(n)$。

【分析】 在 p 所指结点后插入一个新结点只需修改指针,所以时间复杂度为 $O(1)$;而在给定值为 x 的结点后插入一个新结点需要先查找值为 x 的结点,所以时间复杂度为 $O(n)$。

(8) 可由一个尾指针唯一确定的链表有(   )、(   )、(   )。

【解答】 循环单链表,循环双链表,双链表。

2. 单项选择题

(1) 线性表的顺序存储结构是一种(   )的存储结构,线性表的链接存储结构是一种(   )的存储结构。

  A. 随机存取 B. 顺序存取 C. 索引存取 D. 散列存取

【解答】 A,B。

【分析】 参见 2.2.1 节。

(2) 线性表采用链接存储时,其地址(   )。

  A. 必须是连续的   B. 部分地址必须是连续的
  C. 一定是不连续的   D. 连续与否均可以

【解答】 D。

【分析】 线性表的链接存储是用一组任意的存储单元存储线性表的数据元素,这组存储单元可以连续,也可以不连续,甚至可以零散分布在内存中任意位置。

(3) 单循环链表的主要优点是(   )。

  A. 不再需要头指针了
  B. 从表中任一结点出发都能扫描到整个链表

C. 已知某个结点的位置后,能够容易找到它的直接前趋
　　D. 在进行插入、删除操作时,能更好地保证链表不断开
【解答】　B。

(4) 链表不具有的特点是(　　)。
　　A. 可随机访问任一元素　　　　　B. 插入、删除不需要移动元素
　　C. 不必事先估计存储空间　　　　D. 所需空间与线性表长度成正比
【解答】　A。

(5) 若某线性表中最常用的操作是取第 i 个元素和找第 i 个元素的前趋,则采用(　　)存储方法最节省时间。
　　A. 顺序表　　　B. 单链表　　　C. 双链表　　　D. 单循环链表
【解答】　A。
【分析】　线性表中最常用的操作是取第 i 个元素,所以,应选择随机存取结构即顺序表,同时在顺序表中查找第 i 个元素的前趋也很方便。单链表和单循环链表既不能实现随机存取,查找第 i 个元素的前趋也不方便,双链表虽然能快速查找第 i 个元素的前趋,但不能实现随机存取。

(6) 若链表中最常用的操作是在最后一个结点之后插入一个结点和删除第一个结点,则采用(　　)存储方法最节省时间。
　　A. 单链表　　　　　　　　　　B. 带头指针的单循环链表
　　C. 双链表　　　　　　　　　　D. 带尾指针的单循环链表
【解答】　D。
【分析】　在链表中的最后一个结点之后插入一个结点需要知道终端结点的地址,所以,单链表、带头指针的单循环链表、双链表都不合适,考虑在带尾指针的单循环链表中删除第一个结点,其时间性能是 $O(1)$,所以,答案是 D。

(7) 若链表中最常用的操作是在最后一个结点之后插入一个结点和删除最后一个结点,则采用(　　)存储方法最节省运算时间。
　　A. 单链表　　　　　　　　　　B. 循环双链表
　　C. 单循环链表　　　　　　　　D. 带尾指针的单循环链表
【解答】　B。
【分析】　在链表中的最后一个结点之后插入一个结点需要知道终端结点的地址,所以,单链表、单循环链表都不合适,删除最后一个结点需要知道终端结点的前驱结点的地址,所以,带尾指针的单循环链表不合适,而循环双链表满足条件。

(8) 在具有 n 个结点的有序单链表中插入一个新结点并仍然有序的时间复杂度是(　　)。
　　A. $O(1)$　　　B. $O(n)$　　　C. $O(n^2)$　　　D. $O(n\log_2 n)$
【解答】　B。
【分析】　首先应顺序查找新结点在单链表中的位置。

(9) 对于 n 个元素组成的线性表,建立一个有序单链表的时间复杂度是(　　)。
　　A. $O(1)$　　　B. $O(n)$　　　C. $O(n^2)$　　　D. $O(n\log_2 n)$

【解答】 C。

【分析】 该算法需要将 n 个元素依次插入到有序单链表中,而插入每个元素需 $O(n)$。

(10) 使用双链表存储线性表,其优点是可以(　　)。
　　A. 提高查找速度　　　　　　　B. 更方便数据的插入和删除
　　C. 节约存储空间　　　　　　　D. 很快回收存储空间

【解答】 B。

【分析】 在链表中一般只能进行顺序查找,所以,双链表并不能提高查找速度,因为双链表中有两个指针域,显然不能节约存储空间,对于动态存储分配,回收存储空间的速度是一样的。由于双链表具有对称性,所以,其插入和删除操作更加方便。

(11) 在一个单链表中,已知 q 所指结点是 p 所指结点的直接前驱,若在 q 和 p 之间插入 s 所指结点,则执行(　　)操作。
　　A. s—>next=p—>next; p—>next=s;
　　B. q—>next=s; s—>next=p;
　　C. p—>next=s—>next; s—>next=p;
　　D. p—>next=s; s—>next=q;

【解答】 B。

【分析】 注意此题是在 q 和 p 之间插入新结点,所以,不用考虑修改指针的顺序。

(12) 在循环双链表的 p 所指结点后插入 s 所指结点的操作是(　　)。
　　A. p—>next=s; s—>prior=p; p—>next—>prior=s; s—>next=p—>next;
　　B. p—>next=s; p—>next—>prior=s; s—>prior=p; s—>next=p—>next;
　　C. s—>prior=p; s—>next=p—>next; p—>next=s; p—>next—>prior=s;
　　D. s—>prior=p; s—>next=p—>next; p—>next—>prior=s; p—>next=s

【解答】 D。

【分析】 在链表中,对指针的修改必须保持线性表的逻辑关系,否则,将违背线性表的逻辑特征,图 2-10 给出备选答案 C 和 D 的图解。

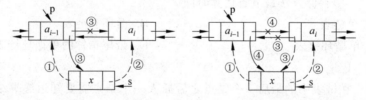

(a) 备选答案C操作(第④步指针修改无法进行)　　(b) 备选答案D操作

图 2-10　双链表插入操作修改指针操作示意图

(13) 用数组 r 存储静态链表,结点的 next 域指向后继,工作指针 j 指向链中某结点,则 j 后移的操作语句为(　　)。
　　A. j=r[j].next　　　　　　　　B. j=j+1
　　C. j=j—>next　　　　　　　　D. j=r[j]—>next

【解答】 A。

【分析】 注意next是数组下标,因此排除C和D,对于备选答案B,假设工作指针j指向某结点p,则j+1不一定指向结点p的后继结点。

(14) 设线性表有 n 个元素,以下操作中,(   )在顺序表上实现比在链表上实现的效率更高。

  A. 输出第 $i(1\leqslant i\leqslant n)$ 个元素值

  B. 交换第1个和第2个元素的值

  C. 顺序输出所有 n 个元素

  D. 查找与给定值 x 相等的元素在线性表中的序号

【解答】 A。

【分析】 在顺序表上输出第 $i(1\leqslant i\leqslant n)$ 个元素值需要 $O(1)$ 时间,在链表上输出第 $i(1\leqslant i\leqslant n)$ 个元素值需要 $O(n)$ 时间;在顺序表上和链表上交换第1个和第2个元素的值都需要 $O(1)$ 时间;在顺序表上和链表上顺序输出所有 n 个元素都需要 $O(n)$ 时间;在顺序表上和链表上查找与给定值 x 相等的元素都需要进行顺序查找,需要 $O(n)$ 时间。

3. 判断题

(1) 线性表的逻辑顺序和存储顺序总是一致的。

【解答】 错。

【分析】 顺序表的逻辑顺序和存储顺序一致,链表的逻辑顺序和存储顺序不一定一致。

(2) 线性表的顺序存储结构优于链接存储结构。

【解答】 错。

【分析】 两种存储结构各有优缺点。

(3) 设 p,q 是指针,若 p=q,则 *p=*q。

【解答】 错。

【分析】 p=q 只能表示 p 和 q 指向同一起始地址,而所指类型则不一定相同。

(4) 线性结构的基本特征是:每个元素有且仅有一个直接前驱和一个直接后继。

【解答】 错。

【分析】 每个元素最多只有一个直接前驱和一个直接后继,第一个元素没有前驱,最后一个元素没有后继。

(5) 在单链表中,要取得某个元素,只要知道该元素所在结点的地址即可,因此单链表是随机存取结构。

【解答】 错。

【分析】 要找到该结点的地址,必须从头指针开始查找,所以单链表是顺序存取结构。

4. 简答题

(1) 请说明顺序表和单链表各有哪些优缺点。

【解答】 顺序表的优点是:无需为表示表中元素之间的逻辑关系而增加额外的存储空间;可以快速地存取表中任一位置的元素(即随机存取)。

顺序表的缺点是：插入和删除操作需移动大量元素；表的容量难以确定；造成存储空间的"碎片"。

单链表的优点是：不必事先知道线性表的长度；插入和删除元素时只需修改指针，不用移动元素。

单链表的缺点是：指针的结构性开销；存取表中任意元素不方便，只能进行顺序存取。

（2）分析在下列情况下，采用哪种存储结构更好些。

① 若线性表的总长度基本稳定，且很少进行插入和删除操作，但要求以最快的速度存取线性表中的元素。

② 如果 n 个线性表同时并存，并且在处理过程中各表的长度会动态发生变化。

③ 描述一个城市的设计和规划。

【解答】 ① 应选用顺序存储结构。因为顺序表是随机存取结构，单链表是顺序存取结构。本题很少进行插入和删除操作，所以空间变化不大，且需要快速存取，所以应选用顺序存储结构。

② 应选用链接存储结构。链表容易实现表容量的扩充，适合表的长度动态发生变化。

③ 应选用链接存储结构。因为一个城市的设计和规划涉及活动很多，需要经常修改、扩充和删除各种信息，才能适应不断发展的需要。而顺序表的插入、删除的效率低，故不合适。

5. 算法设计题

（1）设计一个时间复杂度为 $O(n)$ 的算法，实现将数组 $A[n]$ 中所有元素循环左移 k 个位置。

【解答】 算法思想请参见主教材第 1 章，下面给出具体算法。

循环左移算法 Converse

```
void Converse(int A[ ], int n, int k)
{
    Reverse(A, 0, k-1);
    Reverse(A, k, n-1);
    Reverse(A, 0, n-1);
}
void Reverse(int A[ ], int from, int to)      //将数组 A 中元素从 from 到 to 逆置
{
    for (i=0; i<(to-from+1)/2; i++)
        A[from+i]←→A[to-i];                   //交换元素
}
```

分析算法，第一次调用 Reverse 函数的时间复杂度为 $O(k)$，第二次调用 Reverse 函数的时间复杂度为 $O(n-k)$，第三次调用 Reverse 函数的时间复杂度为 $O(n)$，所以，总的时间复杂度为 $O(n)$。

(2) 已知数组 A[n]中的元素为整型,设计算法将其调整为左右两部分,左边所有元素为奇数,右边所有元素为偶数,并要求算法的时间复杂度为 $O(n)$。

【解答】 从数组的两端向中间比较,设置两个变量 i 和 j,初始时 i=0,j=n−1,若 A[i]为偶数并且 A[j]为奇数,则将 A[i]与 A[j]交换。具体算法如下:

数组奇偶调整算法 Adjust

```
void Adjust(int A[ ], n)
{
    i = 0; j = n - 1;
    while (i < j)
    {
        while (A[i] % 2 != 0) i ++ ;
        while (A[j] % 2 == 0) j -- ;
        if (i < j) A[i]⟷A[j];
    }
}
```

分析算法,两层循环将数组扫描一遍,所以,时间复杂度为 $O(n)$。

(3) 试编写在无头结点的单链表上实现线性表的插入操作的算法,并和带头结点的单链表上的插入操作的实现进行比较。

【解答】 参见 2.2.3 节。

(4) 试分别以顺序表和单链表作存储结构,各写一实现线性表就地逆置的算法。

【解答】 顺序表的逆置,即是将对称元素交换,设顺序表的长度为 length,则将表中第 i 个元素与第 length−i−1 个元素相交换。具体算法如下:

顺序表逆置算法 Reverse

```
template <class T>
void Reverse(T data[ ], int length)
{
    for (i = 0; i <= length/2; i ++ )
    {
        temp = data[i];
        data[i] = data[length - i - 1];
        data[length - i - 1] = temp;
    }
}
```

单链表的逆置请参见 2.2.4 节的算法 2-4 和算法 2-6。

(5) 假设在长度大于 1 的循环链表中,即无头结点也无头指针,s 为指向链表中某个结点的指针,试编写算法删除结点 s 的前趋结点。

【解答】 利用单循环链表的特点,通过指针 s 可找到其前驱结点 r 以及 r 的前驱结点 p，然后将结点 r 删除，如图 2-11 所示，具体算法如下：

循环链表删除算法 Del

```
template <class T>
void Del(Node<T> * s)
{
    p = s;                          //工作指针 p 初始化，查找 s 的前驱结点的前驱结点，用 p 指示
    while (p->next->next != s)
        p = p->next;
    r = p->next;                    //p 为 r 的前驱结点，r 为 s 的前驱结点
    p->next = s;                    //删除 r 所指结点
    delete r;
}
```

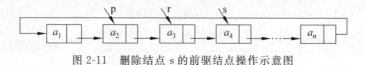

图 2-11　删除结点 s 的前驱结点操作示意图

(6) 已知一个单链表中的数据元素含有三类字符：字母、数字和其他字符。试编写算法，构造三个循环链表，使每个循环链表中只含同一类字符。

【解答】　在单链表 A 中依次取元素，若取出的元素是字母，把它插入到字母链表 B 中，若取出的元素是数字，则把它插入到数字链表 D 中，直到链表的尾部，这样表 B，D，A 中分别存放字母、数字和其他字符。具体算法如下：

单链表拆分算法 Adjust

```
template <class T>
void Adjust(Node<T> * A, Node<int> * D, Node<char> * B)
{
    D = new Node<int>; D->next = D;         //创建空循环链表 D，存放数字
    B = new Node<char>; B->next = B;        //创建空循环链表 B，存放字符
    p = A; q = p->next;                     //工作指针 q 初始化
    while (q != NULL)
    {
        if ((('A' <= q->data)&&(q->data >= 'Z')||('a' <= q->data)&&(q->data >= 'z')) {
            p->next = q->next;
            q->next = B->next;
            B->next = q;                    //头插法插在循环链表 B 的头结点的后面
        }
        else if (('0' <= q->data)&&(q->data >= '9')) {
            p->next = q->next;
            q->next = D->next;
```

```
            D->next = q;                //头插法插在循环链表 D 的头结点的后面
        }
        else p = q;
    q = p->next;
    }
    p->next = A;                        //将链表 A 构造为循环链表
}
```

(7) 设单链表以非递减有序排列,设计算法实现在单链表中删去值相同的多余结点。

【解答】 从头到尾扫描单链表,若当前结点的元素值与后继结点的元素值不相等,则指针后移;否则删除该后继结点。具体算法如下:

单链表删除相同值算法 Purge

```
template <class T>
void Purge(Node<T> * first)
{
    p = first->next;
    while (p->next != NULL)
        if (p->data == p->next->data) {
            q = p->next; p->next = q->next;
            delete q;
        }
        else p = p->next;
}
```

(8) 判断带头结点的双循环链表是否对称。

【解答】 设工作指针 p 和 q 分别指向循环双链表的开始结点和终端结点,若结点 p 和结点 q 的数据域相等,则工作指针 p 后移,工作指针 q 前移,直到指针 p 和指针 q 指向同一结点(循环双链表中结点个数为奇数),或结点 q 成为结点 p 的前驱(循环双链表中结点个数为偶数),如图 2-12 所示。

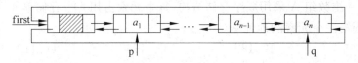

图 2-12 判断循环双链表对称的操作示意图

判断双链表对称算法 Equal

```
template <class T>
struct DulNode
{
    T data;
```

```
        DulNode<T> *prior, *next;
};
template <class T>
bool Equal (DulNode<T> *first)
{
    p = first->next; q = first->prior;
    while (p != q && p->prior != q)
        if (p->data == q->data) {
            p = p->next;                    //工作指针 p 后移
            q = q->prior;                   //工作指针 q 前移
        }
        else return 0;
    return 1;
}
```

2.3.2 学习自测题及答案

1. 填空题

(1) 在一个长度为 n 的顺序表的第 $i(1 \leq i \leq n+1)$ 个元素之前插入一个元素,需向后移动( )个元素,删除第 $i(1 \leq i \leq n)$ 个元素时,需向前移动( )个元素。

【解答】 $n-i+1, n-i$。

(2) 在单链表中,除了头结点以外,任一结点的存储位置由( )指示。

【解答】 其前趋结点的指针域

(3) 当线性表采用顺序存储结构时,其主要特点是( )。

【解答】 逻辑结构中相邻的结点在存储结构中仍相邻。

(4) 在双链表中,每个结点设置了两个指针域,其中一个指向( )结点,另一个指向( )结点。

【解答】 前驱,后继。

2. 单项选择题

(1) 已知一维数组 A 采用顺序存储结构,每个元素占用 4 个存储单元,第 9 个元素的地址为 144,则第一个元素的地址是( )。

  A. 108   B. 180   C. 176   D. 112

【解答】 D

(2) 在长度为 n 的线性表中查找值为 x 的数据元素的时间复杂度为( )。

  A. $O(0)$ B. $O(1)$ C. $O(n)$ D. $O(n^2)$

【解答】 C

3. 简答题

设 A 是一个线性表 $(a_1, a_2, \cdots, a_n)$,采用顺序存储结构,则在等概率的前提下,平均每插入一个元素需要移动的元素个数为多少?若元素插在 a_i 与 a_{i+1} 之间 $(1 \leq i \leq n)$ 的概

率为 $\dfrac{n-i}{n(n+1)/2}$,则平均每插入一个元素所要移动的元素个数又是多少?

【解答】 $\sum\limits_{i=1}^{n+1}(n-i+1)=\dfrac{n}{2}$,$\sum\limits_{i=1}^{n}\dfrac{(n-i)^2}{n(n+1)/2}=(2n+1)/3$。

4. 算法设计题

(1) 线性表存放在整型数组 A[arrsize] 的前 elenum 个单元中,且递增有序。编写算法,将元素 x 插入到线性表的适当位置上,以保持线性表的有序性,并且分析算法的时间复杂度。

【解答】 本题是在一个递增有序表中插入元素 x,基本思路是从有序表的尾部开始依次取元素与 x 比较,若大于 x,此元素后移一位,再取它前面一个元素重复上述步骤;否则,找到插入位置,将 x 插入。具体算法如下:

有序顺序表插入算法 Insert

```cpp
const int arrsize = 100;
class SeqList
{
private:
    int data[arrsize];
    int elenum;
public:
    Insert(int x);
    ...
};
void SeqList::Insert(int x)
{
    if (elenum == arrsize) throw "overflow";
    else {
        i = elenum - 1;
        while (i >= 0 && x < data[i])
        {
            data[i + 1] = data[i];
            i--;
        }
        data[i + 1] = x;
    }
}
```

(2) 已知单链表中各结点的元素值为整型且递增有序,设计算法删除链表中所有大于 mink 且小于 maxk 的元素,并释放被删结点的存储空间。

【解答】 因为是在有序单链表上的操作,所以,要充分利用其有序性。在单链表中查找第一个大于 mink 的结点和第一个小于 maxk 的结点,再将二者间的所有结点删除。

有序链表删除算法 DeleteBetween

```
template <class T>
void DeleteBetween(Node<T> * first, int mink, int maxk)
{
    p = first;
    while (p->next != NULL && p->next->data <= mink)
        p = p->next;
    if (p->next != NULL) {
        q = p->next;
        while (q->data < maxk)
        {
            u = q->next;
            p->next = q->next;
            delete q;
            q = u;
        }
    }
}
```

(3) 设单循环链表 L1，对其遍历的结果是 $x_1, x_2, x_3, \cdots, x_{n-1}, x_n$。请将该循环链表拆成两个单循环链表 L1 和 L2，使得 L1 中含有原 L1 表中序号为奇数的结点且遍历结果为 $x_1, x_3, \cdots$，L2 中含有原 L1 表中序号为偶数的结点且遍历结果为 $\cdots, x_4, x_2$。

【解答】 算法如下：

循环链表拆分算法 DePatch

```
template <class T>
Node<T> * DePatch (Node<T> * L1)
{
    L2 = new Node<T>; L2->next = L2;
    q = L1->next; L1->next = L1;
    p = L1; i = 1;
    while (q != L1)
    {
        if (i % 2 == 1) {                    //应用尾插法
            u = q->next; p->next = q; p = q; p->next = L1;
            q = u; i++;
        }
```

```
        else {
            u = q - >next; q - >next = L2 - >next; L2 - >next = q;
            q = u; i ++ ;
        }
    }
}
```

第 3 章　栈和队列

3.1 本章导学

1. 知识结构图

本章的知识结构如图 3-1 所示。

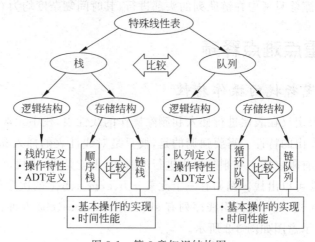

图 3-1　第 3 章知识结构图

2. 学习要点

本章的学习要从两条主线出发,一条主线是栈,另一条主线是队列,要以栈和队列的操作特性为切入点,并注意将栈和队列进行对比。

这部分有较多的经典应用,如汉诺塔问题、迷宫问题、八皇后问题、车厢重排问题、开关盒布线、舞伴问题等。要有意识地接触这些经典问题,深刻理解栈和队列在程序设计中的重要作用,在实践中培养数据结构应用能力和算法设计能力。

3. 重点整理

(1) 栈是限定仅在表尾进行插入和删除操作的线性表。栈中元素除了具有线性关系外,还具有后进先出的特性。

(2) 栈的顺序存储结构称为顺序栈,顺序栈本质上是顺序表的简化。通常把数组中下标为 0 的一端作为栈底,同时附设指针 top 指示栈顶元素在数组中的位置。

(3) 实现顺序栈基本操作的算法的时间复杂度均为 $O(1)$。

(4) 栈的链接存储结构称为链栈,通常用单链表表示,并且不用附加头结点。

(5) 链栈的插入和删除操作只需处理栈顶即开始结点的情况,其时间复杂度均为 $O(1)$。

(6) 队列是只允许在一端进行插入操作,而另一端进行删除操作的线性表。队列中的元素除了具有线性关系外,还具有先进先出特性。

(7) 顺序队列会出现假溢出问题,解决的办法是用首尾相接的顺序存储结构,称为循环队列。在循环队列中,凡是涉及队头或队尾指针的修改都需要将其求模。

(8) 在循环队列中,队空的判定条件是:队头指针＝队尾指针;在浪费一个存储单元的情况下,队满的判定条件是:(队尾指针＋1)％数组长度＝队头指针。

(9) 队列的链接存储结构称为链队列。链队列通常附设头结点,并设置队头指针指向头结点,队尾指针指向终端结点。

(10) 链队列基本操作的实现本质上也是单链表操作的简化,插入只考虑在链队列的尾部进行,删除只考虑在链队列的头部进行,其时间复杂度均为 $O(1)$。

3.2 重点难点释疑

3.2.1 浅析栈的操作特性

栈是限定仅在表尾进行插入和删除操作的线性表,栈中元素除了具有线性关系外,还具有后进先出的特性。需要强调的是,栈只是对线性表的插入和删除操作的位置进行了限制,并没有限定插入和删除操作进行的时间,也就是说,出栈可随时进行,只要某个元素位于栈顶就可以出栈。例如有三个元素 a、b、c,按 a、b、c 的次序依次进栈,且每个元素只允许进一次栈,则可能的出栈序列有 abc、acb、bac、bca、cba 五种,设 I 代表入栈,O 代表出栈,其操作示意图如图 3-2 所示。

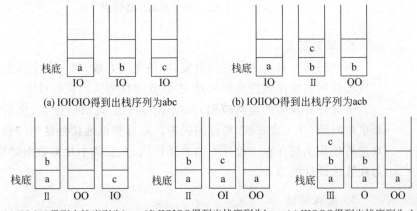

图 3-2 栈操作示意图

3.2.2 递归算法转换为非递归算法

递归算法实际上是一种分而治之的方法,它把复杂问题分解为简单问题来求解。对于某些复杂问题(例如 hanio 塔问题),递归算法是一种自然且合乎逻辑的解决问题的方式,但是递归算法的执行效率通常比较差。因此,在求解某些问题时,常采用递归算法来分析问题,用非递归算法来求解问题;另外,有些程序设计语言不支持递归,这就需要把递归算法转换为非递归算法。

将递归算法转换为非递归算法有两种方法,一种是直接求值,不需要回溯;另一种是不能直接求值,需要回溯。前者使用一些变量保存中间结果,称为直接转换法;后者使用栈保存中间结果,称为间接转换法,下面分别讨论这两种方法。

1. 直接转换法

直接转换法通常用来消除尾递归和单向递归,将递归结构用循环结构来替代。

尾递归是指在递归算法中,递归调用语句只有一个,而且是处在算法的最后。例如求阶乘的递归算法:

```
long fact(int n)
{
    if (n == 0) return 1;
    else return n * fact(n - 1);
}
```

当递归调用返回时,是返回到上一层递归调用的下一条语句,而这个返回位置正好是算法的结束处,所以,不必利用栈来保存返回信息。对于尾递归形式的递归算法,可以利用循环结构来替代。例如求阶乘的递归算法可以写成如下循环结构的非递归算法:

```
long fact(int n)
{
    int s = 1;
    for (int i = 1; i <= n; i++)
        s = s * i;                    //用 s 保存中间结果
    return s;
}
```

单向递归是指递归算法中虽然有多处递归调用语句,但各递归调用语句的参数之间没有关系,并且这些递归调用语句都处在递归算法的最后。显然,尾递归是单向递归的特例。例如求斐波那契数列的递归算法如下:

```
int f(int n)
{
    if (n == 1 || n == 0) return 1;
    else return f(n - 1) + f(n - 2);
```

}

对于单向递归,可以设置一些变量保存中间结果,将递归结构用循环结构来替代。例如求斐波那契数列的算法中用 s1 和 s2 保存中间的计算结果,非递归函数如下:

```
int f(int n)
{
    int i, s;
    int s1 = 1, s2 = 1;
    for (i = 3; i <= n; i++)
    {
        s = s1 + s2;
        s2 = s1;                          //保存 f(n-2)的值
        s1 = s;                           //保存 f(n-1)的值
    }
    return s;
}
```

2. 间接转换法

该方法使用栈保存中间结果,一般需根据递归函数在执行过程中栈的变化得到。其一般过程如下:

```
将初始状态 s₀ 进栈;
while(栈不为空)
{
    退栈,将栈顶元素赋给 s;
    if (s 是要找的结果) 返回;
    else {
        寻找到 s 的相关状态 s₁;
        将 s₁ 进栈;
    }
}
```

间接转换法在数据结构中有较多实例,如二叉树遍历算法的非递归实现、图的深度优先遍历算法的非递归实现等,请读者参考主教材中的相关内容。

3.2.3 循环队列中队空和队满的判定方法

对于循环队列有一个虽然小却十分重要的问题:如何确定队空和队满的判定条件。

如图 3-3(a)和图 3-3(c)所示,队列中只有一个元素,执行出队操作,则队头指针加 1 后与队尾指针相等(注意队头指针加 1 后要与数组长度求模),即队空的条件是 front = rear。

图 3-4(a)和图 3-4(c)所示数组中只有一个空闲空间,执行入队操作,则队尾指针加 1

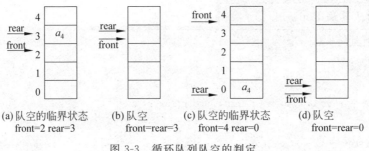

图 3-3 循环队列队空的判定

后与队头指针相等(注意队尾指针加 1 后要与数组长度求模),即队满的条件也是 front＝rear。

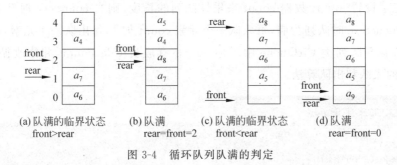

图 3-4 循环队列队满的判定

如何将队空和队满的判定条件区分开呢?有以下三种解决办法:

方法一:浪费一个数组单元,设存储循环队列的数组长度为 QueueSize,则队满的判定条件是:(rear＋1)mod QueueSize＝front,从而保证了 front＝rear 是队空的判定条件。具体算法请参见主教材。

方法二:设置一个标志 flag,当 front＝rear 且 flag＝0 时为队空,当 front＝rear 且 flag＝1 时为队满。相应地要修改循环队列类 CirQueue 的入队和出队算法。当有元素入队时,队列非空,所以将 flag 置 1,而当有元素出队时,队列不满,所以将 flag 置 0。

循环队列入队算法 Push

```
template <class T>
void CirQueue::Push(T x)
{
    if (front == rear && flag == 1) throw "overflow";
    flag = 1;
    rear = (rear + 1) % QueueSize;
    data[rear] = x;
}
```

循环队列出队算法 Pop

```cpp
template <class T>
T CirQueue::Pop( )
{
    if (front == rear && flag == 0) throw "underflow";
    flag = 0;
    front = (front + 1) % QueueSize;
    return data[front];
}
```

方法三：设置一个计数器 count 来累计队列的长度，则当 count＝0 时队列为空，当 count＝ QueueSize 时队列为满，每入队一个元素 count 加 1，每出队一个元素 count 减 1。相应地要在循环队列类 CirQueue 中增加一个私有成员变量 count，并修改循环队列类 CirQueue 的入队和出队算法。

循环队列入队算法 Push

```cpp
template <class T>
void CirQueue::Push(T x)
{
    if (count == QueueSize) throw "overflow";
    count ++ ;
    rear = (rear + 1) % QueueSize;
    data[rear] = x;
}
```

循环队列出队算法 Pop

```cpp
template <class T>
T CirQueue::Pop( )
{
    if (count == 0) throw "underflow";
    count -- ;
    front = (front + 1) % QueueSize;
    return data[front];
}
```

3.3 习题解析

3.3.1 课后习题讲解

1. 填空题

(1) 设有一个空栈,栈顶指针为 1000H,每个元素需要 1 个单位的存储空间,则执行 push,push,pop,push,pop,push,push 后,栈顶指针为(   )。

【解答】 1003H。

(2) 栈结构通常采用的两种存储结构是(   );其判定栈空的条件分别是(   ),判定栈满的条件分别是(   )。

【解答】 顺序存储结构和链接存储结构(或顺序栈和链栈),栈顶指针 top= -1 和 top=NULL,栈顶指针 top 等于数组的长度和内存无可用空间。

(3) (   )可作为实现递归函数调用的一种数据结构。

【解答】 栈。

【分析】 递归函数的调用和返回正好符合后进先出性。

(4) 表达式 a*(b+c)-d 的后缀表达式是(   )。

【解答】 abc+*d-。

【分析】 将中辍表达式变为后缀表达式有一个技巧:将操作数依次写下来,再将算符插在它的两个操作数的后面。

(5) 栈和队列是两种特殊的线性表,栈的操作特性是(   ),队列的操作特性是(   ),栈和队列的主要区别在于(   )。

【解答】 后进先出,先进先出,对插入和删除操作限定的位置不同。

(6) 循环队列的引入是为了克服(   )。

【解答】 假溢出。

(7) 数组 Q[n]用来表示一个循环队列,front 为队头元素的前一个位置,rear 为队尾元素的位置,计算队列中元素个数的公式为(   )。

【解答】 (rear-front+n)% n。

【分析】 也可以是(rear-front)%n,但 rear-front 的结果可能是负整数,而对一个负整数求模,其结果在不同的编译器环境下可能会有所不同。

(8) 用循环链表表示的队列长度为 n,若只设头指针,则出队和入队的时间复杂度分别是(   )和(   )。

【解答】 $O(1),O(n)$。

【分析】 在带头指针的循环链表中,出队即是删除开始结点,这只需修改相应指针;入队即是在终端结点的后面插入一个结点,这需要从头指针开始查找终端结点的地址。

2. 单项选择题

(1) 一个栈的入栈序列是 1,2,3,4,5,则栈的不可能的输出序列是(   )。
    A. 5,4,3,2,1   B. 4,5,3,2,1   C. 4,3,5,1,2   D. 1,2,3,4,5

【解答】 C。

【分析】 此题有一个技巧：在输出序列中任意元素后面不能出现比该元素小并且是升序(指的是元素的序号)的两个元素。

(2) 若一个栈的输入序列是 $1,2,3,\cdots,n$，输出序列的第一个元素是 n，则第 i 个输出元素是(　　)。

  A. 不确定　　　　B. $n-i$　　　　C. $n-i-1$　　　　D. $n-i+1$

【解答】 D。

【分析】 此时，输出序列一定是输入序列的逆序。

(3) 若一个栈的输入序列是 $1,2,3,\cdots,n$，其输出序列是 $p_1, p_2, \cdots, p_n$，若 $p_1=3$，则 p_2 的值(　　)。

  A. 一定是 2　　　B. 一定是 1　　　C. 不可能是 1　　　D. 以上都不对

【解答】 C。

【分析】 由于 $p_1=3$，说明 1，2，3 均入栈后 3 出栈，此时可能将当前栈顶元素 2 出栈，也可以继续执行入栈操作，因此 p_2 的值可能是 2，但一定不能是 1，因为 1 不是栈顶元素。

(4) 设计一个判别表达式中左右括号是否配对的算法，采用(　　)数据结构最佳。

  A. 顺序表　　　B. 栈　　　　C. 队列　　　　D. 链表

【解答】 B。

【分析】 每个右括号与它前面的最后一个没有匹配的左括号配对，因此具有后进先出性。

(5) 在解决计算机主机与打印机之间速度不匹配问题时通常设置一个打印缓冲区，该缓冲区应该是一个(　　)结构。

  A. 栈　　　　B. 队列　　　　C. 数组　　　　D. 线性表

【解答】 B。

【分析】 先进入打印缓冲区的文件先被打印，因此具有先进先出性。

(6) 一个队列的入队顺序是 1,2,3,4，则队列的输出顺序是(　　)。

  A. 4,3,2,1　　　B. 1,2,3,4　　　C. 1,4,3,2　　　D. 3,2,4,1

【解答】 B。

【分析】 队列的入队顺序和出队顺序总是一致的。

(7) 栈和队列的主要区别在于(　　)。

  A. 它们的逻辑结构不一样　　　　B. 它们的存储结构不一样
  C. 所包含的运算不一样　　　　　D. 插入、删除运算的限定不一样

【解答】 D。

【分析】 栈和队列的逻辑结构都是线性的，都有顺序存储和链接存储，有可能包含的运算不一样，但不是主要区别，任何数据结构在针对具体问题时包含的运算都可能不同。

(8) 设数组 S[n] 作为两个栈 S1 和 S2 的存储空间，对任何一个栈只有当 S[n] 全满时才不能进行进栈操作。为这两个栈分配空间的最佳方案是(　　)。

A. S1 的栈底位置为 0，S2 的栈底位置为 $n-1$
B. S1 的栈底位置为 0，S2 的栈底位置为 $n/2$
C. S1 的栈底位置为 0，S2 的栈底位置为 n
D. S1 的栈底位置为 0，S2 的栈底位置为 1

【解答】 A。

【分析】 两栈共享空间首先两个栈是相向增长的，栈底应该分别指向两个栈中的第一个元素的位置，并注意 C++ 中的数组下标是从 0 开始的。

(9) 设栈 S 和队列 Q 的初始状态为空，元素 $e1,e2,e3,e4,e5,e6$ 依次通过栈 S，一个元素出栈后即进入队列 Q，若 6 个元素出队的顺序是 $e2,e4,e3,e6,e5,e1$，则栈 S 的容量至少应该是(   )。
A. 6   B. 4   C. 3   D. 2

【解答】 C。

【分析】 由于队列具有先进先出性，所以，此题中队列形同虚设，即出栈的顺序也是 $e2,e4,e3,e6,e5,e1$。

3. 判断题

(1) 有 n 个元素依次进栈，则出栈序列有 $(n-1)/2$ 种。

【解答】 错。

【分析】 应该有 $\dfrac{(2n)!}{(n+1)(n!)^2}$ 种。

(2) 栈可以作为实现过程调用的一种数据结构。

【解答】 对。

【分析】 只要操作满足后进先出性，都可以采用栈作为辅助数据结构。

(3) 在栈满的情况下不能做进栈操作，否则将产生"上溢"。

【解答】 对。

(4) 在循环队列中，front 指向队头元素的前一个位置，rear 指向队尾元素的位置，则队满的条件是 front＝rear。

【解答】 错。

【分析】 这是队空的判定条件，在循环队列中要将队空和队满的判定条件区别开。

(5) 循环队列中至少有一个数组空间是空闲的。

【解答】 错。

【分析】 如果假定循环队列满足条件 (rear＋1)％Maxsize＝front 时为队满，则循环队列中至少有一个数组空间是空闲的。

4. 简答题

(1) 设有一个栈，元素进栈的次序为 A,B,C,D,E，能否得到如下出栈序列，若能，请写出操作序列，若不能，请说明原因。
① C,E,A,B,D
② C,B,A,D,E

【解答】 ① 不能。因为在 C、E 出栈的情况下，A 一定在栈中，而且在 B 的下面，不可能先于 B 出栈。

② 可以。设 I 为进栈操作，O 为出栈操作，则其操作序列为 IIIOOOIOIO。

(2) 举例说明顺序队列的"假溢出"现象。

【解答】 假设有一个顺序队列，如图 3-5 所示，队尾指针 rear＝4，队头指针 front＝1，如果再有元素入队，就会产生"上溢"，此时的"上溢"又称为"假溢出"，因为队列并不是真的溢出了，存储队列的数组中还有 2 个存储单元空闲，其下标分别为 0 和 1。

(3) 在操作序列 push(1),push(2),pop,push(5),push(7),pop,push(6)之后，栈顶元素和栈底元素分别是什么？

提示：push(k)表示整数 k 入栈，pop 表示栈顶元素出栈。

【解答】 栈顶元素为 6，栈底元素为 1。其执行过程如图 3-6 所示。

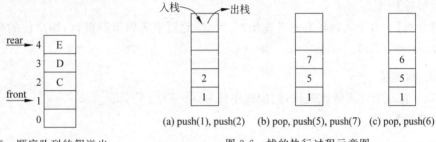

图 3-5 顺序队列的假溢出　　　　图 3-6 栈的执行过程示意图

(4) 在操作序列 EnQueue(1),EnQueue(3),DeQueue,EnQueue(5),EnQueue(7),DeQueue,EnQueue(9)之后，队头元素和队尾元素分别是什么？

提示：EnQueue(k)表示整数 k 入队，DeQueue 表示队头元素出队。

【解答】 队头元素为 5，队尾元素为 9。其执行过程如图 3-7 所示。

(a) EnQueue(1)，EnQueue(3)　　(b) DeQueue，EnQueue(5)，EnQueue(7)　　(c) DeQueue，EnQueue(9)

图 3-7 队列的执行过程示意图

(5) 假设以 I 和 O 分别表示入栈和出栈操作，栈的初态和终态均为空，入栈和出栈的操作序列可表示为仅由 I 和 O 组成的序列，称可以操作的序列为合法序列，否则称为非法序列。下面序列中哪些是合法的？为什么？

① IOIIOIOO

② IOOIOIIO

③ IIIOIOIO

④ IIIOOIOO

【解答】 ①和④是合法序列，②和③是非法序列。

【分析】 在入栈出栈序列的任一位置，入栈次数（即"I"的个数）都必须大于等于出栈次数（即"O"的个数），否则在形式上视作非法序列。由于题目中要求栈的初态和终态都为空，则整个序列的入栈次数必须等于出栈次数，否则在形式上视为非法序列。

5. 算法设计题

（1）假设以不带头结点的循环链表表示队列，并且只设一个指针指向队尾结点，但不设头指针。试设计相应的入队和出队的算法。

【解答】 出队操作是在循环链表的头部进行，相当于删除开始结点，而入队操作是在循环链表的尾部进行，相当于在终端结点之后插入一个结点。由于循环链表不带头结点，需要处理空表的特殊情况。入队和出队算法如下：

循环队列入队算法 Enqueue

```
template <class T>
void Enqueue(Node<T> * rear, T x)
{
    s = new Node<T>;
    s->data = x;
    if (rear == NULL) {              //处理空表的特殊情况
        rear = s;
        rear->next = s;
    }
    else {                           //处理除空表以外的一般情况
        s->next = rear->next;
        rear->next = s;
        rear = s;
    }
}
```

循环队列出队算法 Dequeue

```
template <class T>
T Dequeue(Node<T> * rear)
{
    if (rear == NULL) throw "underflow";   //判断表空
    else {
        s = rear->next;
        if (s == rear) rear = NULL;        //链表中只有一个结点
        else rear->next = s->next;
        delete s;
    }
}
```

(2) 设顺序栈 S 中有 $2n$ 个元素,从栈顶到栈底的元素依次为 $a_{2n}, a_{2n-1}, \cdots, a_1$,要求通过一个循环队列重新排列栈中元素,使得从栈顶到栈底的元素依次为 $a_{2n}, a_{2n-2}, \cdots, a_2, a_{2n-1}, a_{2n-3}, \cdots, a_1$,请设计算法实现该操作,要求空间复杂度和时间复杂度均为 $O(n)$。

【解答】 操作步骤为:
① 将所有元素出栈并入队;
② 依次将队列元素出队,如果是偶数结点,则再入队,如果是奇数结点,则入栈;
③ 将奇数结点出栈并入队;
④ 将偶数结点出队并入栈;
⑤ 将所有元素出栈并入队;
⑥ 将所有元素出队并入栈即为所求。

(3) 设计算法,把十进制整数转换为二进制至九进制之间的任一进制输出。

【分析】 算法基于的原理是:$N=(N \text{ div } d) \times d + N \text{ mod } d$(div 为整除运算,mod 为求余运算),先得到的余数为低位后输出,后得到的余数为高位先输出,因此,将求得的余数放入栈中,再将栈元素依次输出即可得到转换结果。

【解答】 假设采用顺序栈存储转换后结果,算法如下:

进制转换算法 Decimaltor

```
void Decimaltor(int num, int r)
{
    top = -1;                        //假设采用顺序栈
    while (num != 0)
    {
        k = num % r;                 //得到余数
        S[ ++ top] = k;
        num = num/r;                 //得到商
    }
    while (top != -1)
        printf(S[top -- ]);
}
```

(4) 在循环队列中设置一个标志 flag,当 front=rear 且 flag=0 时为队空,当 front=rear 且 flag=1 时为队满。编写相应的入队和出队算法。

【解答】 参见 3.2.3 节。

3.3.2 学习自测题及答案

1. 填空题

对于栈和队列,无论它们采用顺序存储结构还是链接存储结构,进行插入和删除操作的时间复杂度都是(   )。

【解答】 $O(1)$。

2. 单项选择题

(1) 在一个具有 n 个单元的顺序栈中,假定以地址低端(即下标为 0 的单元)作为栈底,以 top 作为栈顶指针,当出栈时,top 的变化为(   )。

  A. 不变 B. top=0; C. top=top−1; D. top=top+1;

【解答】 C。

(2) 一个栈的入栈序列是 a,b,c,d,e,则栈的不可能的出栈序列是(   )。

  A. $edcba$ B. $cdeba$ C. $debca$ D. $abcde$

【解答】 C。

(3) 从栈顶指针为 top 的链栈中删除一个结点,用 x 保存被删除结点的值,则执行(   )。

  A. x=top; top=top−>next;

  B. x=top−>data;

  C. top=top−>next; x=top−>data;

  D. x=top−>data; top=top−>next;

【解答】 D。

3. 简答题

(1) 设元素 $1,2,3,P,A$ 依次经过一个栈,进栈次序为 $123PA$,在栈的输出序列中,有哪些序列可作为 C++ 程序设计语言的变量名。

【解答】 $PA321,P3A21,P32A1,P321A,AP321$。

(2) 如果进栈序列为 $A、B、C、D$,则可能的出栈序列是什么?

答:共 14 种,分别是:$ABCD,ABDC,ACBD,ACDB,ADCB,BACD,BADC,BCAD,BCDA,BDCA,CBAD,CBDA,CDBA,DCBA$。

(3) 利用两个栈 S1 和 S2 模拟一个队列,如何利用栈的运算实现队列的插入和删除操作,请简述算法思想。

【解答】 利用两个栈 S1 和 S2 模拟一个队列,当需要向队列中插入一个元素时,用 S1 来存放已输入的元素,即通过向栈 S1 执行入栈操作来实现;当需要从队列中删除元素时,则将 S1 中元素全部送入到 S2 中,再从 S2 中删除栈顶元素,最后再将 S2 中元素全部送入到 S1 中;判断队空的条件是:栈 S1 和 S2 同时为空。

4. 算法设计题

假设一个算术表达式中可以包含三种括号:圆括号"("和")",方括号"["和"]"以及花括号"{"和"}",且这三种括号可按任意的次序嵌套使用。编写算法判断给定表达式中所含括号是否配对出现。

【解答】 假设表达式已存入字符数组 A[n]中,具体算法如下:

括号匹配算法 Prool

```
int Prool(char A[ ], int n)
{
    top = -1; i = 0; flag = 1;
    while (i < n && flag)
    {
        if (A[i] == '(' || A[i] == '[' || A[i] == '{')   S[++top] = A[i++];
        else {
            switch A[i]
            {
                case ')': if (top == -1 || S[top--] != '(') flag = 0; break;
                case ']': if (top == -1 || S[top--] != '[') flag = 0; break;
                case '}': if (top == -1 || S[top--] != '{') flag = 0; break;
            }
        }
        i++;
    }
    return flag;
}
```

第 4 章 字符串和多维数组

4.1 本章导学

1. 知识结构图

本章的知识结构如图 4-1 所示。

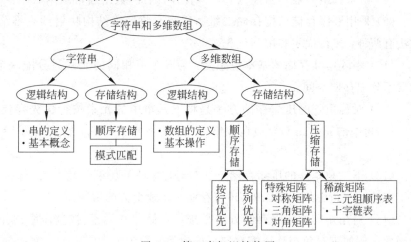

图 4-1 第 4 章知识结构图

2. 学习要点

本章的学习要从两条主线出发,一条主线是字符串,限定了线性表的数据元素是字符,另一条主线是多维数组,允许线性表的数据元素是一个线性表。对于字符串,主要从逻辑上理解串的基本概念和基本操作,存储结构方面重点是顺序存储结构下的模式匹配;对于多维数组,以二维数组为重点,注意把握数组的线性推广特征和基本操作的特点,深刻理解数组的存储方法,以及特殊矩阵和稀疏矩阵的压缩存储方法,掌握二维数组和特殊矩阵压缩存储后的寻址方法。

3. 重点整理

(1) 字符串(简称串)是 0 个或多个字符组成的有限序列。只包含空格的串称为空格串,长度为 0 的串称为空串。

(2) 字符串的比较是通过组成串的字符之间的比较来进行的,而字符间的大小关系是字符编码之间的大小关系。

(3) 字符串有顺序存储结构和链接存储结构,在大多数语言中,串的存储和基本操作的实现都是采用顺序存储。

(4) 给定主串 S 和模式 T,在主串 S 中寻找模式 T 的过程称为模式匹配。BF 算法是一种带回溯的匹配算法;KMP 算法是一种不带回溯的匹配算法。

(5) KMP 算法中,模式中的每一个字符都对应一个滑动位置 k,这个值仅依赖于模式本身字符序列的构成,而与主串无关。

(6) 数组是由类型相同的数据元素构成的有序集合,其特点是结构中的元素本身可以具有某种结构,但属于同一数据类型。比如:一维数组可以看作一个线性表,二维数组可以看作元素是线性表的线性表,依此类推,所以,数组是线性表的推广。

(7) 在数组中通常只有两种操作:存取和修改,它们本质上只对应一种操作——寻址。

(8) 由于数组一般不做插入和删除操作,因此,数组通常采用顺序存储结构。

(9) 采用顺序存储结构存储二维数组需要将二维结构映射到一维结构,常用的映射方法有两种:按行优先和按列优先。

(10) 矩阵压缩存储的基本思想是:为多个值相同的元素只分配一个存储空间;对 0 元素不分配存储空间。

(11) 对称矩阵的压缩存储方法是将下三角中的元素按行优先存储到一维数组 SA 中,下三角中的元素 $a_{ij}(i \geqslant j)$ 在数组 SA 中的下标 k 与 i、j 的关系为 $k = i \times (i+1)/2 + j - 1$。

(12) 下三角矩阵的压缩存储方法与对称矩阵的压缩存储方法类似,不同之处仅在于除了存储下三角中的元素以外,还要存储对角线上方的常数。

(13) 对角矩阵的压缩存储方法是按行存储非 0 元素,按其压缩规律,找到相应的映像函数。例如三对角矩阵压缩存储后的映像函数为 $k = 2 \times i + j - 3$。

(14) 稀疏矩阵的压缩存储需要将每个非 0 元素表示为三元组(行号,列号,非 0 元素),将稀疏矩阵的非 0 元素对应的三元组所构成的集合,按行优先的顺序排列成一个线性表,称为三元组表。

(15) 三元组表有两种存储结构:顺序存储结构(称为三元组顺序表)和链接存储结构(称为十字链表)。

4.2 重点难点释疑

4.2.1 KMP 算法中如何求 next 数组

在 KMP 算法中,设模式 $T = t_0 t_1 \cdots t_{m-1}$,用 next$[j]$ 表示 t_j 对应的 k 值($0 \leqslant j \leqslant m-1$),则 next 数组的定义如下:

第4章 字符串和多维数组

$$\text{next}[j] = \begin{cases} -1 & j=0 \\ \max\{k | 1 \leqslant k < j \text{ 且 } t_0 \cdots t_{k-1} = t_{j-k} \cdots t_{j-1}\} & \text{集合非空时} \\ 0 & \text{其他情况} \end{cases}$$

$t_0 \cdots t_{k-1}$ 是 $t_0 \cdots t_{j-1}$ 的真前缀和真后缀的最长子串，k 就等于串 $t_0 \cdots t_{j-1}$ 的真前缀和真后缀的最长子串的长度。图4-2给出了一个求 $\text{next}[j]$ 的例子。

由 next 数组的定义易知，$\text{next}[0]=-1$，因为此时 t_0 没有真前缀也没有真后缀。假设已经计算出 $\text{next}[0], \text{next}[1], \cdots, \text{next}[j]$，如何计算 $\text{next}[j+1]$ 呢？设 $k=\text{next}[j]$，这意味着 $t_0 \cdots t_{k-1}$ 既是 $t_0 \cdots t_{j-1}$ 的真后缀又是 $t_0 \cdots t_{j-1}$ 的真前缀，即 $t_0 \cdots t_{k-1} = t_{j-k} \cdots t_{j-1}$。此时，比较 t_k 和 t_j，可能出现两种情况：

（1）$t_k = t_j$：说明 $t_0 \cdots t_{k-1} t_k = t_{j-k} \cdots t_{j-1} t_j$，由前缀函数定义，$\text{next}[j] = k+1$。

（2）$t_k \neq t_j$：此时要找出 $t_0 \cdots t_{j-1}$ 的后缀中第2大真前缀，显然，这个第2大真前缀就是 $\text{next}[\text{next}[j]] = \text{next}[k]$，即 $t_0 \cdots t_{\text{next}[k]-1} = t_{j-\text{next}[k]} \cdots t_{j-1}$（思考为什么？），再比较 $t_{\text{next}[k]}$ 和 t_j，如图4-3所示，此时仍会出现两种情况，当 $t_{\text{next}[k]} = t_j$ 时，与情况（1）类似，$\text{next}[j] = \text{next}[k]+1$；当 $t_{\text{next}[k]} \neq t_j$ 时，与情况（2）类似，再找 $t_0 \cdots t_{j-1}$ 的后缀中第3大真前缀，重复（2）的过程，直到找到 $t_0 \cdots t_{j-1}$ 的后缀中的最大真前缀，或确定 $t_0 \cdots t_{j-1}$ 的后缀中不存在真前缀，此时，$\text{next}[j+1]=0$。

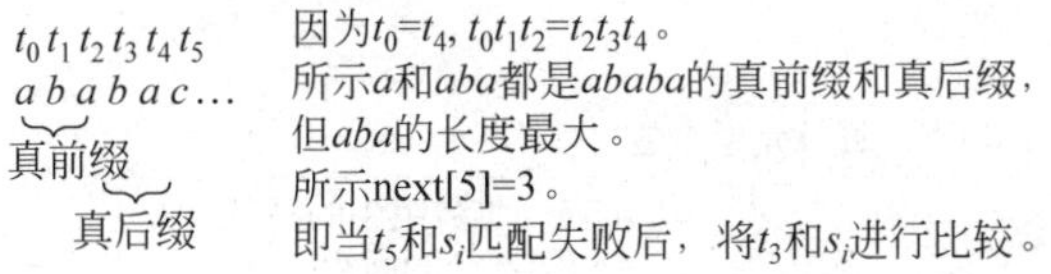

$t_0 t_1 t_2 t_3 t_4 t_5$
$a b a b a c \cdots$
真前缀
真后缀

因为 $t_0 = t_4$，$t_0 t_1 t_2 = t_2 t_3 t_4$。
所示 a 和 aba 都是 $ababa$ 的真前缀和真后缀，
但 aba 的长度最大。
所示 $\text{next}[5]=3$。
即当 t_5 和 s_j 匹配失败后，将 t_3 和 s_j 进行比较。

图4-2 前缀函数求解示意图

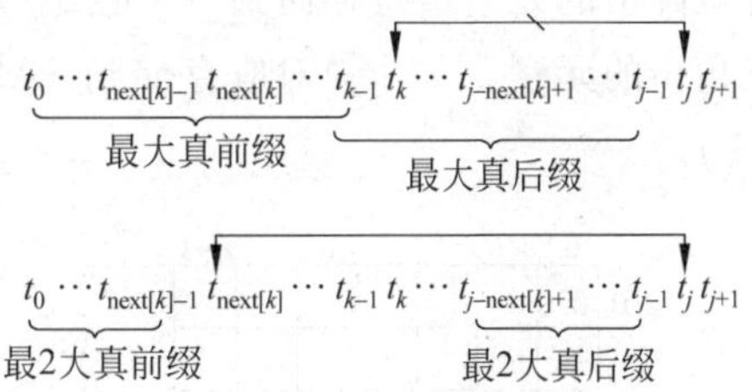

图4-3 $t_k \neq t_j$ 的情况

例如，模式 $T = "abaababc"$ 的 next 值计算如下：

$j=0$ 时，$\text{next}[0]=-1$；

$j=1$ 时，$\text{next}[1]=0$；

$j=2$ 时，$t_0 \neq t_1$，$\text{next}[2]=0$；

$j=3$ 时，$t_0 = t_2$，$\text{next}[3]=1$；

$j=4$ 时，$t_1 \neq t_3$，令 $k=\text{next}[1]=0$，$t_0 = t_3$，$\text{next}[4]=0+1=1$；

$j=5$ 时，$t_1 = t_4$，$\text{next}[5] = \text{next}[4]+1=2$；

$j=6$ 时，$t_2 = t_5$，$\text{next}[6] = \text{next}[5]+1=3$；

$j=7$ 时，$t_3 \neq t_6$，$k=\text{next}[3]=1$，$t_1 = t_6$，$\text{next}[7]=k+1=2$。

求 next 数组算法 GetNext

```
void GetNext(char T[ ], int next[ ])
{
    next[0] = -1;
```

```
j = 0; k = -1;
while (T[j]! = '\0')
    if ((k == -1) || (T[j] == T[k])) {
        j ++ ;
        k ++ ;
        next[j] = k;
    }
    else k = next[k];
}
```

上述求 next 数组的算法只需将模式扫描一遍,设模式串的长度为 m,则算法的时间复杂度为 $O(m)$。

4.2.2 特殊矩阵压缩存储后存储位置的计算

在特殊矩阵的压缩存储中,需要注意矩阵中行下标和列下标的范围以及存储矩阵的一维数组的起始下标。例如对称矩阵,假设矩阵的行下标和列下标的范围均为 $0 \sim n-1$,将矩阵中的元素按行存储到一个数组 $SA[n(n+1)/2]$ 中,如图 4-4 所示。这样,原矩阵下三角中的元素 $a_{ij}(i \geq j)$ 对应存储到 $SA[k]$ 中,此时,k 与 i、j 之间的关系为 $k = i \times (i+1)/2 + j$。

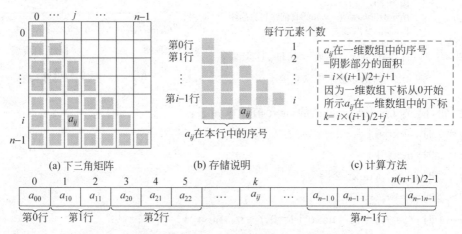

图 4-4 对称矩阵的压缩存储(矩阵行列下标均从 0 开始)

假设对称矩阵的行下标和列下标的范围均为 $1 \sim n$,将矩阵中的元素按行存储到一个数组 $SA[n(n+1)/2]$ 中,如图 4-5 所示。这样,原矩阵下三角中的某一个元素 $a_{ij}(i \geq j)$ 对应存储到 $SA[k]$ 中,此时,k 与 i、j 之间的关系为 $k = i \times (i-1)/2 + j - 1$。

所以,在特殊矩阵的压缩存储中,需要注意矩阵下标的变化,不要死记公式,而要真正理解压缩存储的方法,从中找出矩阵的任意元素与其存储位置之间的关系。

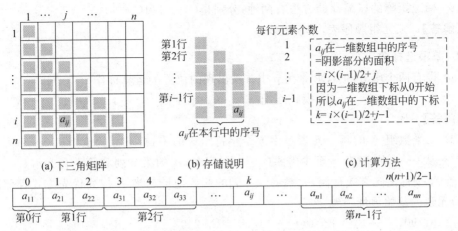

图 4-5 对称矩阵的压缩存储（矩阵行列下标均从 1 开始）

4.3 习题解析

4.3.1 课后习题讲解

1. 填空题

（1）字符串是一种特殊的线性表，其特殊性体现在（ ）。

【解答】 数据元素的类型是一个字符。

（2）两个字符串相等的充分必要条件是（ ）。

【解答】 长度相同且对应位置的字符相等。

【分析】 例如"abc"≠"abc□□"，"abc"≠"bca"。

（3）数组通常只有两种运算：（ ）和（ ），这决定了数组通常采用（ ）结构来实现存储。

【解答】 存取，修改，顺序存储。

【分析】 数组是一个具有固定格式和数量的数据集合，在数组上一般不能做插入、删除元素的操作。除了初始化和销毁之外，在数组中通常只有存取和修改两种操作。

（4）二维数组 A 中行下标是 10~20，列下标是 5~10，按行优先存储，每个元素占 4 个存储单元，A[10][5]的存储地址是 1000，则元素 A[15][10]的存储地址是（ ）。

【解答】 1140。

【分析】 数组 A 中每行共有 6 个元素，元素 A[15][10]的前面共存储了 $(15-10) \times 6 + 5$ 个元素，每个元素占 4 个存储单元，所以，其存储地址是 $1000 + 140 = 1140$。

（5）设有一个 10 阶的对称矩阵 A 采用压缩存储，A[0][0]为第一个元素，其存储地址为 d，每个元素占 1 个地址空间，则元素 A[8][5]的存储地址为（ ）。

【解答】 d+41。

【分析】 元素 A[8][5]的前面共存储了 $(1+2+\cdots+8)+5=41$ 个元素。

(6) 稀疏矩阵的压缩存储方法有两种,分别是(　　)和(　　)。

【解答】　三元组顺序表,十字链表。

2. 单项选择题

(1) 设有两个串 p 和 q,求 q 在 p 中首次出现的位置的运算称作(　　)。

　　A. 连接　　　　B. 模式匹配　　　C. 求子串　　　D. 求串长

【解答】　B。

(2) 二维数组 A 的每个元素是由 6 个字符组成的串,行下标的范围从 0～8,列下标的范围是从 0～9,则存放 A 至少需要(　　)个字节,A 的第 8 列和第 5 行共占(　　)个字节,若 A 按行优先方式存储,元素 A[8][5]的起始地址与当 A 按列优先方式存储时的(　　)元素的起始地址一致。

　　A. 90　　　　　B. 180　　　　　C. 240　　　　　D. 540
　　E. 108　　　　F. 114　　　　　G. 54
　　H. A[8][5]　　I. A[3][10]　　　J. A[5][8]　　　K. A[4][9]

【解答】　D,E,K。

【分析】　数组 A 为 9 行 10 列,共有 90 个元素,所以,存放 A 至少需要 90×6=540 个存储单元,第 8 列和第 5 行共有 18 个元素(注意行列有一个交叉元素),所以,共占 108 个字节,元素 A[8][5]按行优先存储的起始地址为 $d+8\times10+5=d+85$,设元素 $A[i][j]$ 按列优先存储的起始地址与之相同,则 $d+j\times9+i=d+85$,解此方程,得 $i=4, j=9$。

(3) 将数组称为随机存取结构是因为(　　)。

　　A. 数组元素是随机的
　　B. 对数组任一元素的存取时间是相等的
　　C. 随时可以对数组进行访问
　　D. 数组的存储结构是不定的

【解答】　B。

(4) 下面的说法中,不正确的是(　　)。

　　A. 数组是一种线性结构
　　B. 数组是一种定长的线性结构
　　C. 除了插入与删除操作外,数组的基本操作还有存取、修改、检索和排序等
　　D. 数组的基本操作有存取、修改、检索和排序等,没有插入与删除操作

【解答】　C。

【分析】　数组属于广义线性表,数组被创建以后,其维数和每维中的元素个数是确定的,所以,数组通常没有插入和删除操作。

(5) 对特殊矩阵采用压缩存储的目的主要是为了(　　)。

　　A. 表达变得简单　　　　　　　B. 对矩阵元素的存取变得简单
　　C. 去掉矩阵中的多余元素　　　D. 减少不必要的存储空间

【解答】　D。

【分析】　在特殊矩阵中,有很多值相同的元素并且它们的分布有规律,没有必要为值相同的元素重复存储。

(6) 下面(　　)不属于特殊矩阵。

　　A. 对角矩阵　　B. 三角矩阵　　　C. 稀疏矩阵　　E. 对称矩阵

【解答】 C。

(7) 下面的说法中,不正确的是(   )。
    A. 对称矩阵只需存放包括主对角线元素在内的下(或上)三角的元素即可
    B. 对角矩阵只需存放非0元素即可
    C. 稀疏矩阵中值为0的元素较多,因此可以采用三元组表方法存储
    D. 稀疏矩阵中大量值为0的元素分布有规律,因此可以采用三元组表方法存储

【解答】 D。

【分析】 稀疏矩阵中大量值为0的元素分布没有规律,因此采用三元组表存储。如果0元素的分布有规律,就没有必要存储非0元素的行号和列号,而需要按其压缩规律找出相应的映像函数。

3. 判断题

(1) 数组是一种复杂的数据结构,数组元素之间的关系既不是线性的,也不是树型的。

【解答】 错。

【分析】 例如,二维数组可以看成是数据元素为线性表的线性表。

(2) 使用三元组表存储稀疏矩阵的元素,有时并不能节省存储空间。

【解答】 对。

【分析】 因为三元组表除了存储非0元素值外,还需要存储其行号和列号。

(3) 稀疏矩阵压缩存储后,必会失去随机存取功能。

【解答】 对。

【分析】 因为压缩存储后,非0元素的存储位置和行号、列号之间失去了确定的关系。

(4) 将数组称为随机存取结构是因为随时可以对数组进行存取访问。

【解答】 错。

【分析】 随机存取结构是指在某种存储结构中,计算任意一个元素的存储地址的时间是相等的。

(5) 空串与空格串是相同的。

【解答】 错。

【分析】 空串的长度为0,而空格串的长度不为0,其长度是串中空格的个数。

4. 简答题

(1) 对于一个 n 行 m 列的上三角矩阵 A,如果以行优先的方式用一维数组 B 从0号位置开始存储,求元素 $a_{ij}(1 \leqslant i \leqslant n, 1 \leqslant j \leqslant m)$ 在数组 B 中的存储位置。

【解答】 上三角矩阵 A 以行优先方式存储,则在第1行~第 $i-1$ 行共存储了 $(m+m-1+\cdots+m-i+2)=(i-1)(2m-i+2)/2$ 个元素,元素 a_{ij} 是第 i 行上的第 $j-i+1$ 个元素,则元素 a_{ij} 是数组 B 中的第 $(i-1)(2m-i+2)/2+j-i+1$ 个元素,注意到数组 B 从0号位置开始存储,则元素 a_{ij} 在数组 B 中的存储位置是 $(i-1)(2m-i+2)/2+j-i$。

（2）设有三对角矩阵 $A_{n\times n}$，将其三条对角线上的元素逐行存于数组 B[$3n-2$]中，使得 B[k]$=a_{ij}$($1\leqslant i, j\leqslant n$)，求：

① 用 i，j 表示 k 的下标变换公式。

② 用 k 表示 i，j 的下标变换公式。

【解答】 ① 要求 i，j 表示 k 的下标变换公式，就是要求在 k 之前已经存储了多少个非 0 元素，这些非 0 元素的个数就是 k 的值。元素 a_{ij} 所在的行为 i，列为 j，则在其前面的非 0 元素的个数是 $k=2+3(i-1)+(j-i+1)=2i+j$。

② 因为 k 和 i，j 之间是一一对应的关系，$k+1$ 是当前非 0 元素的个数，整除即为其所在行号，取余表示当前行中第几个非 0 元素，加上前面 0 元素所在列数就是当前列号，即：

$$\begin{cases} i=(k+1)/3 \\ j=(k+1)\%3+(k+1)/3-1 \end{cases}$$

（3）一个稀疏矩阵如图 4-6 所示，写出对应的三元组顺序表和十字链表存储表示。

【解答】 对应的三元组顺序表如图 4-7 所示，十字链表如图 4-8 所示。

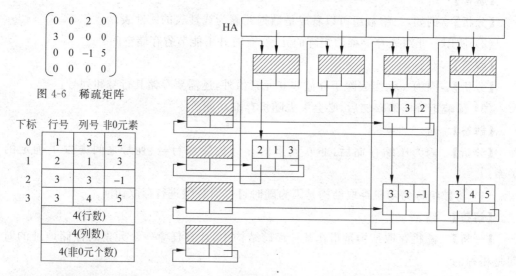

$$\begin{pmatrix} 0 & 0 & 2 & 0 \\ 3 & 0 & 0 & 0 \\ 0 & 0 & -1 & 5 \\ 0 & 0 & 0 & 0 \end{pmatrix}$$

图 4-6　稀疏矩阵

下标	行号	列号	非0元素
0	1	3	2
1	2	1	3
2	3	3	–1
3	3	4	5
	4(行数)		
	4(列数)		
	4(非0元个数)		

图 4-7　稀疏矩阵的三元组顺序表

图 4-8　稀疏矩阵的十字链表

5. 算法设计题

（1）模式匹配是严格的匹配，即强调模式在主串中的连续性，例如，模式"bc"是主串"abcd"的子串，而"ac"就不是主串"abcd"的子串。但在实际应用中，有时不需要模式的连续性，例如，模式"哈工大"与主串"哈尔滨工业大学"是非连续匹配的，称模式"哈工大"是主串"哈尔滨工业大学"的子序列。要求设计算法，判断给定的模式是否为两个主串的公共子序列。

【解答】 分别判断模式 t 是否是主串 s1 和 s2 的子序列，如果模式 t 是主串 s1 的子序列,同时模式 t 也是主串 s2 的子序列,则模式 t 是主串 s1 和 s2 的公共子序列。

设 s1 和 s2 分别表示主串 1 和主串 2,t 表示模式,函数 CommonString 实现判断 t 是否为主串 s1 和 s2 的公共子序列,则函数 CommonString 需要分别判断模式 t 是否是主串 s1 和 s2 的子序列,将判断子序列的功能独立为函数 Cmp。函数 CommonString 的算法较简单,请读者完成,函数 Cmp 判断主串 strA 中是否包含模式 strB,算法的伪代码描述如下:

1. 初始化比较的起始位置 i = 0,j = 0;
2. length1 = 字符串 strA 的长度,length2 = 字符串 strB 的长度;
3. 当 i < length1 并且 j < length2 时重复执行下述操作:
   3.1 如果 strA[i] 等于 strB[j],则 i++,j++;
   3.2 否则 i++;
4. 如果 j 等于 length2,说明 strB 中字符全部匹配,返回 1,否则返回 0;

(2) 若在矩阵 A 中存在一个元素 a_{ij}($1 \leqslant i \leqslant n$,$1 \leqslant j \leqslant m$),该元素是第 i 行元素中最小值且又是第 j 列元素中最大值,则称此元素为该矩阵的一个鞍点。假设以二维数组存储矩阵 A,设计算法求矩阵 A 的所有鞍点,并分析最坏情况下的时间复杂度。

【解答】 在矩阵中逐行查找该行中的最小值,然后判断该元素是否是所在列的最大值,如果是所在列的最大值,则说明该元素是鞍点,将它所在行号和列号输出。算法如下:

马鞍点算法 Andian

```
void Andian(int a[ ][ ], int m, int n)
{
    for (i = 0; i < n; i++)
    {
        min = a[i][0]; k = 0;                //min 为第 i 行中的最小值
        for (j = 1; j < m; j++)
            if (a[i][j] < min) {
                min = a[i][j]; k = j;
            }                                //a[i][k] 为第 i 行最小值
        for (j = 0; j < n; j++)
            if (a[j][k] > min) break;
        if (j == n) cout<<"输出鞍点"<<i<<k<<a[i][k];
    }
}
```

分析算法,外层 for 循环共执行 n 次,内层第一个 for 循环执行 m 次,第二个 for 循环最坏情况下执行 n 次,所以,最坏情况下的时间复杂度为 $O(mn+n^2)$。

4.3.2 学习自测题及答案

1. 填空题

(1) 设 S="I_ am_ a_ teacther",其长度为(   )。

【解答】 15

(2) 二维数组 M 中每个元素的长度是 3 个字节,行下标从 0 到 7,列下标从 0 到 9,从首地址 d 开始存储。若按行优先方式存储,元素 M[7][5]的起始地址为(   ),若按列优先方式存储,元素 M[7][5]的起始地址为(   )。

【解答】 d+225,d+141。

(3) 一个 $n \times n$ 的对称矩阵,按行优先或按列优先进行压缩存储,则其存储容量为(   )。

【解答】 $n(n+1)/2$。

(4) 设 n 行 n 列的下三角矩阵 A(行列下标均从 1 开始)已压缩到一维数组 S[1]~S[$n(n+1)/2$]中,若按行优先存储,则 A[i][j]在数组 S 中的存储位置是(   )。

【解答】 $i \times (i-1)/2 + j$。

2. 单项选择题

C 语言中定义的整数一维数组 a[50]和二维数组 b[10][5]具有相同的首元素地址,即 &a[0]=&b[0][0],在以列序为主序时,a[18]的地址和(   )的地址相同。

A. b[1][7]   B. b[1][8]   C. b[8][1]   D. b[7][1]

【解答】 C。

3. 简答题

(1) 空串和空格串有何区别?串中的空格符有何意义?空串在串处理中有何作用?

【解答】 不含任何字符的串称为空串,其长度为 0。仅含空格的串称为空格串,它的长度为串中空格符的个数。串中的空格符可用来分隔一般的字符,便于人们识别和阅读,但计算串长时应包括这些空格符。空串在串处理中可作为任意串的子串。

(2) 设有五对角矩阵 $B=(b_{ij})_{20*20}$,按特殊矩阵压缩存储的方式将其五条对角线上的元素存于数组 A[-10..m]中,计算元素 B[15][16]在数组 A 中的存储位置。

【解答】 假设矩阵 B 和数组 A 的下标均从 1 开始,五对角矩阵按行优先存储。

当 $i=1$ 时,b_{1j} 在第 1 行中是第 j 个非 0 元素,则 $k=j$;

当 $i=2$ 时,第 1 行有 3 个非 0 元素,b_{2j} 在第 2 行中是第 j 个非 0 元素,则 $k=j+3$;

当 $3 \leqslant i \leqslant n-1$ 时,b_{ij} 的前面共有 $i-1$ 行,第 1 行有 3 个非 0 元素,第 2 行有 4 个非 0 元素,其他 $i-3$ 行均有 5 个非 0 元素,b_{ij} 在第 i 行中是第 $j-i+3$ 个非 0 元素,则 $k=3+4+5(i-3)+j-i+3=4(i-1)+j-1$;

当 $i=n$ 时,b_{ij} 的前面有 $i-1$ 行,第 1 行有 3 个非 0 元素,第 2 行有 4 个非 0 元素,第 $i-1$ 行有 4 个非 0 元素,其他 $i-4$ 行均有 5 个非 0 元素,b_{ij} 在第 i 行中是第 $j-i+3$ 个非 0 元素,则 $k=3+4+5(i-4)+4+j-i+3=5n+j-i=4(i-1)+j-2$。

综上所述,元素 a_{ij} 在一维数组中下标(从 1 开始)k 与 i,j 的关系如下:

当 $i=1$ 时，$k=4(i-1)+j$；

当 $2\leqslant i\leqslant n-1$ 时，$k=4(i-1)+j-1$；

当 $i=n$ 时，$k=4(i-1)+j-2$。

元素 B[15][16] 是数组 A[−10..m]中的第 $4\times(15-1)+16-1=71$ 个元素，在数组 A 中的存储位置（即下标）是 60。

4. 算法设计题

已知两个 $n\times n$ 的对称矩阵按压缩存储方法存储在一维数组 A 和 B 中，编写算法计算对称矩阵的乘积。

【解答】 对称矩阵采用压缩存储，乘积矩阵也采用压缩存储。注意矩阵元素的表示方法。

矩阵乘积算法 Mul

```
void Mul(int A[ ], int B[ ], int C[ ], int n)
{
    for (i = 0; i < n; i ++)
        for (j = 0; j < n; j ++)
        {
            mi = max(i, j); mj = min(i, j);
            x = mi * (mi - 1)/2 + mj - 1;        //计算矩阵元素 C[i][j]压缩后的存储地址
            C[x] = 0;
            for (k = 0; k < n; k ++)
            {
                u1 = max(i, k); v1 = min(i, k);
                u2 = max(k, j); v2 = min(k, j);
                w1 = u1 * (u1 - 1)/2 + v1 - 1;   //计算 A[i][k]的存储地址
                w2 = u2 * (u2 - 1)/2 + v2 - 1;   //计算 B[k][j]的存储地址
                c[x] = A[w1] * B[w2];
            }
        }
}
```

第 5 章 树和二叉树

5.1 本章导学

1. 知识结构图

本章的知识结构如图 5-1 所示。

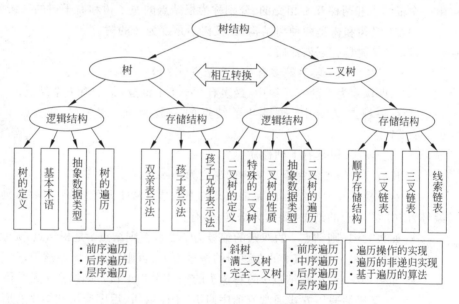

图 5-1 第 5 章知识结构图

2. 学习要点

本章分为两部分，第一部分是树，在掌握树的定义和基本术语的基础上，以逻辑结构和存储结构为主线，掌握树的不同存储方法以及它们之间的关系；第二部分是二叉树，同样以逻辑结构和存储结构为主线，注意二叉树性质的含义和应用，掌握二叉树的不同存储方法以及它们之间的关系，掌握二叉链表存储下二叉树的遍历算法；最后，以树和二叉树之间的相互转换为枢纽，将树和二叉树这两种树结构联系在一起。

3. 重点整理

(1) 树是 $n(n \geqslant 0)$ 个结点的有限集合。任意一棵非空树满足：

① 有且仅有一个特定的称为根的结点；

② 当 $n>1$ 时，除根结点之外的其余结点被分成 $m(m>0)$ 个互不相交的有限集合 $T_1,T_2,\cdots,T_m$，其中每个集合又是一棵树，并称为这个根结点的子树。

(2) 某结点所拥有的子树的个数称为该结点的度；树中各结点度的最大值称为该树的度。度为 0 的结点称为叶子结点；度不为 0 的结点称为分支结点。某结点的子树的根结点称为该结点的孩子结点；反之，该结点称为其孩子结点的双亲结点。规定根结点的层数为 1，对其余任何结点，若某结点在第 k 层，则其孩子结点在第 $k+1$ 层；树中所有结点的最大层数称为树的深度。$m(m \geqslant 0)$ 棵互不相交的树的集合构成森林。

(3) 树的遍历是指从根结点出发，按照某种次序访问树中所有结点，使得每个结点被访问一次且仅被访问一次。通常有前序遍历、后序遍历和层序遍历三种方式。

(4) 树的存储结构有双亲表示法、孩子表示法、孩子双亲表示法、孩子兄弟表示法。

(5) 二叉树是 $n(n \geqslant 0)$ 个结点的有限集合，该集合或者为空集（称为空二叉树），或者由一个根结点和两棵互不相交的、分别称为根结点的左子树和右子树的二叉树组成。

(6) 二叉树和树是两种树结构，二叉树不是度为 2 的树。

(7) 二叉树具有下列性质：

① 二叉树的第 i 层上最多有 2^{i-1} 个结点 ($i \geqslant 1$)；

② 一棵深度为 k 的二叉树中，最多有 2^k-1 个结点，最少有 k 个结点；

③ 在一棵二叉树中，如果叶子结点的个数为 n_0，度为 2 的结点个数为 n_2，则 $n_0 = n_2 + 1$。

(8) 完全二叉树具有下列性质：

① 具有 n 个结点的完全二叉树的深度为 $\lfloor \log_2 n \rfloor + 1$。

② 对一棵具有 n 个结点的完全二叉树中的结点从 1 开始按层序编号，则对于任意的编号为 $i(1 \leqslant i \leqslant n)$ 的结点（简称为结点 i），有：

- 如果 $i>1$，则结点 i 的双亲的编号为 $\lfloor i/2 \rfloor$，否则结点 i 是根结点，无双亲；
- 如果 $2i \leqslant n$，则结点 i 的左孩子的编号为 $2i$，否则结点 i 无左孩子；
- 如果 $2i+1 \leqslant n$，则结点 i 的右孩子的编号为 $2i+1$，否则结点 i 无右孩子。

(9) 二叉树的遍历方式通常有前序遍历、中序遍历、后序遍历和层序遍历。

(10) 已知一棵二叉树的前序序列和中序序列，或者中序序列和后序序列，可以唯一确定这棵二叉树；但是，已知二叉树的前序序列和后序序列，不能唯一确定一棵二叉树。

(11) 二叉树的顺序存储结构一般仅适合于存储完全二叉树。

(12) 二叉树最常用的存储结构是二叉链表，此外，还有三叉链表、线索链表等。

(13) 树和二叉树之间具有一一对应的关系，可以相互转换。

(14) 哈夫曼树是带权路径长度最小的二叉树，对给定的 n 个权值构造的哈夫曼树中，有 n 个叶子结点，$n-1$ 个分支结点。

(15) 采用哈夫曼树构造的编码是一种能使字符串的编码总长度最短的不等长编码，并且哈夫曼编码是前缀编码。

5.2 重点难点释疑

5.2.1 二叉树和树是两种不同的树结构

二叉树和树是两种不同的树结构。

首先，二者的定义不同。树是 $n(n \geq 0)$ 个结点的有限集合，该集合或者为空集(称为空树)，或者由 $m(m>0)$ 个互不相交的子树组成；二叉树是 $n(n \geq 0)$ 个结点的有限集合，该集合或者为空集(称为空二叉树)，或者由一个根结点和两棵互不相交的、分别称为根结点的左子树和右子树的二叉树组成。

其次，二叉树不是度为 2 的树。图 5-2(a)是一棵二叉树，但这棵二叉树的度是 1，结点 B 是结点 A 的右孩子，而图 5-2(b)是一棵度为 2 的树，结点 B 是结点 A 的第一个孩子，结点 C 是结点 A 的第二个孩子，并且还可以为结点 A 再增加孩子。

再次，二叉树和树虽然都是有序树，但树的孩子只有序的关系，即第 1 个孩子、第 2 个孩子、……、第 i 个孩子，但二叉树中的孩子却有左右之分，即使二叉树中某结点只有一个孩子，也要区分它是左孩子还是右孩子。例如在图 5-3 中，(a)所示是两棵不同的二叉树，而(b)是同一棵树。

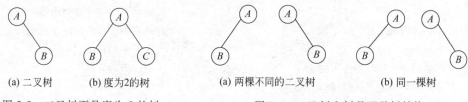

(a) 二叉树　　(b) 度为2的树　　　　(a) 两棵不同的二叉树　　　(b) 同一棵树

图 5-2　二叉树不是度为 2 的树　　　　图 5-3　二叉树和树是两种树结构

例如，具有 3 个结点的树和具有 3 个结点的二叉树的形态是不同的。具有 3 个结点的树有 2 种形态，而具有 3 个结点的二叉树有 5 种形态，如图 5-4 所示。

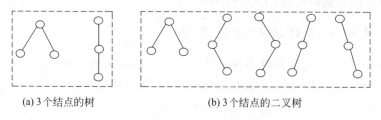

(a) 3个结点的树　　　　　　(b) 3个结点的二叉树

图 5-4　3 个结点的树和二叉树的不同形态

5.2.2 二叉树的构造方法

建立二叉树可以有多种方法，下面介绍常用的两种方法。

(1) 方法一：根据二叉树的一个遍历序列来建立二叉树。

将二叉树中每个结点的空指针引出一个虚结点，其值为特定值如"♯"，以标识其为空,把这样处理后的二叉树称为原二叉树的扩展二叉树。扩展二叉树的一个遍历序列就能唯一确定这棵二叉树。具体算法请参见主教材 5.4.2 节。

(2) 方法二:根据二叉树的前序序列和中序序列建立该二叉树。

这个过程是一个递归过程,其基本思想是:先根据前序序列的第一个元素建立根结点;然后在中序序列中找到该元素,确定根结点的左、右子树的中序序列;再在前序序列中确定左、右子树的前序序列;最后由左子树的前序序列与中序序列建立左子树,由右子树的前序序列与中序序列建立右子树。

假设二叉树的前序序列和中序序列分别存放在一维数组 pre[n] 与 pin[n] 中,并假设二叉树各结点的字符均不相同,函数 pos(x, pin, i) 的返回值为在数组 pin 中从第 i 个元素开始查找元素值等于 x 的元素的位置。建立一棵二叉树的算法如下:

二叉树的建立算法 Creat

```
template <class T>
void BiTree::Creat(BiNode * root, int i1, int i2, int k)
{   //i1 为前序序列起始下标,i2 为中序序列起始下标,k 为序列长度
    if (k <= 0) root = NULL;
    else {
        root = new BiNode<T>;
        root->data = pre[i1];                              //根结点为前序序列中第 1 个元素
        m = pos(pre[i1], pin, i2);                         //查找根结点在中序序列中的位置
        leftlen = m - i2;                                  //左子树的长度
        rightlen = k - (leftlen + 1);                      //右子树的长度
        Creat(root->lchild, i1 + 1, i2, leftlen);          //递归建立左子树
        Creat(root->rchild, i1 + leftlen + 1, m + 1, rightlen);   //递归建立右子树
    }
}
```

显然,算法的初始调用为 Creat(root, 0, 0, n)。

5.2.3 二叉树遍历的递归实现图解

二叉树的遍历是二叉树各种操作的基础,所以,必须深刻理解二叉树遍历的实现过程。对图 5-5 所示二叉树,以中序遍历为例,遍历算法的执行过程如图 5-6 所示。

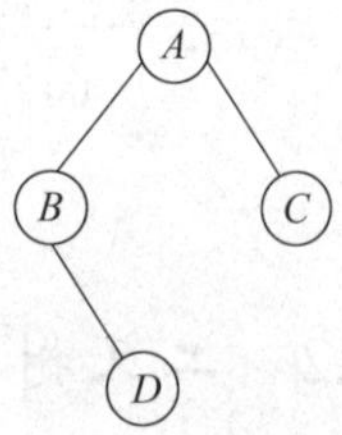

5.2.4 二叉树的算法设计技巧

遍历二叉树是二叉树各种操作的基础,遍历算法中对每个结点的访问操作可以是多种形式及多个操作,根据遍历算法的框架,适当修改访问操作的内容,可以派生出很多关于二叉树的应用算法,如求结点的双亲、结点的孩子、判定结点所在的层次等,也可以在遍历的过程中生成结点,建立二叉树的存储结构。

图 5-5 一棵二叉树

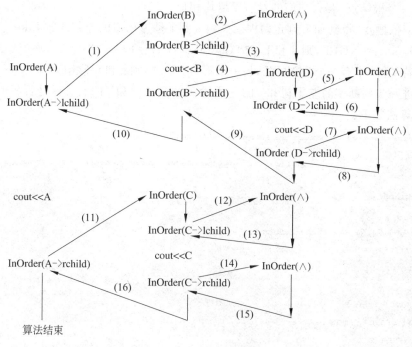

图 5-6 二叉树遍历递归实现的执行过程

算法 5-1 复制一棵二叉树。

分析：复制二叉树是在计算机中已经存在一棵二叉树，要求按原二叉树的结构重新生成一棵二叉树，其实质就是按照原二叉树的二叉链表另建立一个新的二叉链表。复制是在遍历过程中，将"访问"操作定义为"生成二叉树的一个结点"。

下面以后序遍历为例给出算法。

复制二叉树算法 CopyTree

```
template <class T>
BiNode<T> * CopyTree(BiNode<T> * root)
{
    if (root == NULL) return NULL;          //复制一棵空树
    else {
        newlptr = CopyTree(root->lchild);   //复制左子树
        newrptr = CopyTree(root->rchild);   //复制右子树
        newnode = new BiNode<T>;            //生成一个二叉树的结点
        newnode->data = root->data;
        newnode->lchild = newlptr;          //左指针为 newlptr
        newnode->rchild = newrptr;          //右指针为 newrptr
    }
}
```

算法 5-2 判断两棵二叉树是否相似。所谓两棵二叉树相似，是指要么它们都为空或都只有一个根结点,要么它们的左右子树均相似。

分析:依题意,得到如下判定两棵二叉树 s 和 t 是否相似的递归函数 Like:

(1) 若 s=t=NULL,则 s 和 t 相似,即 Like(s, t)=1。
(2) 若 s 和 t 中有一个为 NULL,另一个不为 NULL,则 s 和 t 不相似,即 Like(s, t)=0。
(3) 进一步判断 s 的左子树和 t 的左子树、s 的右子树和 t 的右子树是否相似。

具体算法如下:

二叉树相似算法 Like

```
template <class T>
int Like(BiNode<T> * s, BiNode<T> * t)
{
    if (s == NULL && t == NULL) return 1;
    else if ((s == NULL && t != NULL)||(s != NULL && t == NULL))
        return 0;
    else {
        same = Like(s->lchild, t->lchild);
        if (same) same = Like(s->rchild, t->rchild);
        return same;
    }
}
```

算法 5-3 假设二叉树采用二叉链表存储,p 所指结点为任一给定的结点,编写算法求从根结点到 p 所指结点之间的路径。

分析:本题采用非递归后序遍历二叉树,当后序遍历访问到 p 所指结点时,此时栈中所有结点均为 p 所指结点的祖先,由这些祖先便构成了一条从根结点到 p 所指结点之间的路径。算法如下:

求路径算法 Path

```
void Path(BiNode * root, BiNode * p)
{
    top = -1;                                    //假设采用顺序栈
    T = root;
    while (T != NULL || top != -1)
    {
        while (T != NULL)
        {
            top ++ ;
            stack[top] = T; tag[top] = 0;
            T = T->lchild;                       //扫描左子树
        }
        while (top != -1 && tag[top] == 1)       //左右子树都访问过
```

```
        {
            T = stack[top];
            if (T == p) {                       //找到p结点,显示路径
                for (i = 0; i < top; i ++ )
                    cout<<stack[i]->data;
                return;
            }
            else top -- ;                       //访问结点,不必输出
        }
        if (top != -1 ) {
            p = p->rchild;                      //扫描右子树
            tag[top] = 1;                       //表示当前结点已访问过
        }
    }
}
```

5.2.5 哈夫曼树的构造过程中应注意的问题

哈夫曼树(Huffman 树)是带权路径长度最小的二叉树。根据哈夫曼树的定义,一棵二叉树要使其带权路径长度最小,必须使权值越大的叶子结点越靠近根结点,而权值越小的叶子结点越远离根结点。哈夫曼依据这一特点提出了哈夫曼算法,其基本思想如下:

(1) 初始化:由给定的 n 个权值 $\{w_1, w_2, \cdots, w_n\}$ 构造 n 棵只有一个根结点的二叉树,从而得到一个二叉树集合 $F=\{T_1, T_2, \cdots, T_n\}$。

(2) 选取与合并:在 F 中选取根结点的权值最小的两棵二叉树分别作为左、右子树构造一棵新的二叉树,这棵新二叉树的根结点的权值为其左、右子树根结点权值之和。

(3) 删除与加入:在二叉树集合 F 中删除作为左、右子树的两棵二叉树,并将新建立的二叉树加入到集合 F 中。

(4) 重复(2)、(3)两步,当集合 F 中只剩下一棵二叉树时,这棵二叉树便是哈夫曼树。

通过上述哈夫曼树的构造过程,可以得到如下要点:

(1) 给定 n 个权值(相应的哈夫曼树中有 n 个叶子),共需合并 $n-1$ 次。

(2) 每合并一次产生一个分支结点,经过 $n-1$ 次合并后得到的哈夫曼树中共有 $2n-1$ 个结点,其中有 $n-1$ 个分支结点。

(3) 在哈夫曼树中只有度为 0(叶子结点)和度为 2(分支结点)的结点,不存在度为 1 的结点。

(4) 算法要求选取根结点权值最小的两棵二叉树作为左右子树构造一棵新的二叉树,但并没有要求哪一棵作左子树,哪一棵作右子树,所以左右子树的顺序是任意的。

(5) 对同一组权值可以构造出不同的哈夫曼树,但是它们的带权路径长度相同。

在建立哈夫曼树的过程中有以下三种常见的错误:

(1) 在合并中不是选取根结点权值最小的两棵二叉树(包括已合并的和未合并的),而是选取未合并的根结点权值最小的一棵二叉树与已经合并的二叉树合并,如图 5-7 所示。

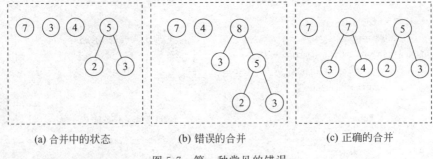

(a) 合并中的状态　　　　(b) 错误的合并　　　　(c) 正确的合并

图 5-7　第一种常见的错误

(2) 每次都是在未合并的二叉树中选取根结点的权值最小的两棵子树,如图 5-8 所示。

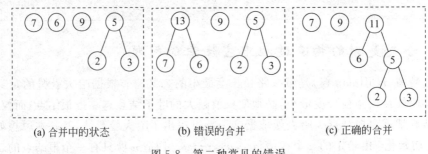

(a) 合并中的状态　　　　(b) 错误的合并　　　　(c) 正确的合并

图 5-8　第二种常见的错误

(3) 有时没有严格按照哈夫曼算法也能构造出带权路径长度与哈夫曼树相同的二叉树,但那只是巧合,没有规律性,而没有规律性的解法不利于用计算机进行处理。

5.3　习题解析

5.3.1　课后习题讲解

1. 填空题

(1) 树是 $n(n \geq 0)$ 结点的有限集合,在一棵非空树中,有(　　)个根结点,其余的结点分成 $m(m>0)$ 个(　　)的集合,每个集合都是根结点的子树。

【解答】　有且仅有一个,互不相交。

(2) 树中某结点的子树的个数称为该结点的(　　),子树的根结点称为该结点的(　　),该结点称为其子树根结点的(　　)。

【解答】　度,孩子,双亲。

(3) 一棵二叉树的第 $i(i \geq 1)$ 层最多有(　　)个结点;一棵有 $n(n>0)$ 个结点的满二叉树共有(　　)个叶子结点和(　　)个非终端结点。

【解答】　$2^{i-1},(n+1)/2,(n-1)/2$。

【分析】　设满二叉树中叶子结点的个数为 n_0,度为 2 的结点个数为 n_2,由于满二叉树中不存在度为 1 的结点,所以 $n=n_0+n_2$;由二叉树的性质 $n_0=n_2+1$,得 $n_0=(n+1)/2$,

$n_2=(n-1)/2$。

(4) 设高度为 h 的二叉树上只有度为 0 和度为 2 的结点,该二叉树的结点数可能达到的最大值是(   ),最小值是(   )。

【解答】 $2^h-1,2h-1$。

【分析】 最小结点个数的情况是第 1 层有 1 个结点,其他层上都只有 2 个结点。

(5) 深度为 k 的二叉树中,所含叶子的个数最多为(   )。

【解答】 2^{k-1}。

【分析】 在满二叉树中叶子结点的个数达到最多。

(6) 具有 100 个结点的完全二叉树的叶子结点数为(   )。

【解答】 50。

【分析】 100 个结点的完全二叉树中最后一个结点的编号为 100,其双亲即最后一个分支结点的编号为 50,也就是说,从编号 51 开始均为叶子。

(7) 已知一棵度为 3 的树有 2 个度为 1 的结点,3 个度为 2 的结点,4 个度为 3 的结点。则该树中有(   )个叶子结点。

【解答】 12。

【分析】 根据二叉树性质 3 的证明过程,有 $n_0=n_2+2n_3+1$(n_0,n_2,n_3 分别为叶子结点、度为 2 的结点和度为 3 的结点的个数)。

(8) 某二叉树的前序遍历序列是 ABCDEFG,中序遍历序列是 CBDAFGE,则其后序遍历序列是(   )。

【解答】 CDBGFEA。

【分析】 根据前序遍历序列和后序遍历序列将该二叉树构造出来。

(9) 在具有 n 个结点的二叉链表中,共有(   )个指针域,其中(   )个指针域用于指向其左右孩子,剩下的(   )个指针域则是空的。

【解答】 $2n,n-1,n+1$。

(10) 在有 n 个叶子的哈夫曼树中,叶子结点总数为(   ),分支结点总数为(   )。

【解答】 $n,n-1$。

【分析】 $n-1$ 个分支结点是经过 $n-1$ 次合并后得到的。

2. 单项选择题

(1) 如果结点 A 有 3 个兄弟,B 是 A 的双亲,则结点 B 的度是(   )。

    A. 1   B. 2   C. 3   D. 4

【解答】 D。

(2) 设二叉树有 n 个结点,则其深度为(   )。

    A. $n-1$ B. n C. $\lfloor \log_2 n \rfloor+1$ D. 不能确定

【解答】 D。

【分析】 此题并没有指明是完全二叉树,则其深度最多是 n,最少是 $\lfloor \log_2 n \rfloor+1$。

(3) 二叉树的前序序列和后序序列正好相反,则该二叉树一定是(   )的二叉树。

    A. 空或只有一个结点   B. 高度等于其结点数

    C. 任一结点无左孩子   D. 任一结点无右孩子

【解答】 B。

【分析】 此题注意是序列正好相反,则左斜树和右斜树均满足条件。

(4) 线索二叉树中某结点 R 没有左孩子的充要条件是(   )。
　　A. R.lchild=NULL　　　　　　　B. R.ltag=0
　　C. R.ltag=1　　　　　　　　　　D. R.rchild=NULL

【解答】 C。

【分析】 线索二叉树中某结点是否有左孩子,不能通过左指针域是否为空来判断,而要判断左标志是否为1。

(5) 深度为 k 的完全二叉树至少有(   )个结点,至多有(   )个结点。
　　A. $2^{k-2}+1$　　B. 2^{k-1}　　C. 2^k-1　　D. $2^{k-1}-1$

【解答】 B,C。

【分析】 深度为 k 的完全二叉树最少结点数的情况应是第 k 层上只有1个结点,最多的情况是满二叉树。

(6) 一个高度为 h 的满二叉树共有 n 个结点,其中有 m 个叶子结点,则有(   )成立。
　　A. $n=h+m$　　B. $h+m=2n$　　C. $m=h-1$　　D. $n=2m-1$

【解答】 D。

【分析】 满二叉树中没有度为1的结点,所以有 m 个叶子结点,则度为2的结点个数为 $m-1$。

(7) 任何一棵二叉树的叶子结点在前序、中序、后序遍历序列中的相对次序(   )。
　　A. 肯定不发生改变　　　　　　B. 肯定发生改变
　　C. 不能确定　　　　　　　　　D. 有时发生变化

【解答】 A。

【分析】 三种遍历次序均是先左子树后右子树。

(8) 如果 T' 是由有序树 T 转换而来的二叉树,那么 T 中结点的前序序列就是 T' 中结点的(   )序列,T 中结点的后序序列就是 T' 中结点的(   )序列。
　　A. 前序　　B. 中序　　C. 后序　　D. 层序

【解答】 A,B。

(9) 设森林中有4棵树,树中结点的个数依次为 n_1,n_2,n_3,n_4,则把森林转换成二叉树后,其根结点的右子树上有(   )个结点,根结点的左子树上有(   )个结点。
　　A. n_1-1　　B. n_1　　C. $n_1+n_2+n_3$　　D. $n_2+n_3+n_4$

【解答】 D,A。

【分析】 由森林转换的二叉树中,根结点即为第一棵树的根结点,根结点的左子树是由第一棵树中除了根结点以外其余结点组成的,根结点的右子树是由森林中除第一棵树外其他树转换来的。

(10) 讨论树、森林和二叉树的关系,目的是为了(   )。
　　A. 借助二叉树上的运算方法去实现对树的一些运算
　　B. 将树、森林按二叉树的存储方式进行存储并利用二叉树的算法解决树的有关问题

C. 将树、森林转换成二叉树

D. 体现一种技巧,没有什么实际意义

【解答】 B。

(11) 下述编码中( )不是前缀编码。

  A. (00,01,10,11)   B. (0,1,00,11)

  C. (0,10,110,111)   D. (1,01,000,001)

【解答】 B。

【分析】 在备选答案 B 中,编码"0"是编码"00"的前缀,编码"1"是编码"11"的前缀。

(12) 为 5 个使用频率不等的字符设计哈夫曼编码,不可能的方案是( )。

  A. 111,110,10,01,00   B. 000,001,010,011,1

  C. 100,11,10,1,0   D. 001,000,01,11,10

【解答】 C。

【分析】 在方案 C 中编码 10 是编码 100 的前缀。

(13) 为 5 个使用频率不等的字符设计哈夫曼编码,不可能的方案是( )。

  A. 000,001,010,011,1   B. 0000,0001,001,01,1

  C. 000,001,01,10,11   D. 00,100,101,110,111

【解答】 D。

【分析】 所有备选答案对应的编码都是前缀编码,因此,不能从前缀编码的角度考虑。画出方案 D 对应的编码树如图 5-9 所示,该树中存在度为 1 的结点,因此,不是哈夫曼树。

(14) 设哈夫曼编码的长度不超过 4,若已经对两个字符编码为 1 和 01,则最多还可以为( )个字符编码。

  A. 2   B. 3   C. 4   D. 5

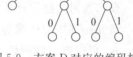

图 5-9 方案 D 对应的编码树

【解答】 C。

【分析】 由于编码长度不超过 4,则哈夫曼树的高度为 5,已经对两个字符编码为 1 和 01,它们对应哈夫曼树的叶结点,这样的哈夫曼树最多还可以有 4 个叶结点。

3. 判断题

(1) 在线索二叉树中,任一结点均有指向其前趋和后继的线索。

【解答】 错。

【分析】 某结点是否有前驱或后继的线索,取决于该结点的标志域是否为 1。

(2) 在二叉树的前序遍历序列中,任意一个结点均处在其子女的前面。

【解答】 对。

【分析】 由前序遍历的操作定义可知。

(3) 二叉树是度为 2 的树。

【解答】 错。

【分析】 二叉树和树是两种不同的树结构,例如,左斜树是一棵二叉树,但它的度为 1。

(4) 由树转换成二叉树,其根结点的右子树总是空的。

【解答】 对。

【分析】 因为根结点无兄弟结点。

(5) 用一维数组存储二叉树时,总是以前序遍历存储结点。

【解答】 错。

【分析】 二叉树的顺序存储结构是按层序存储的,一般适合存储完全二叉树。

4. 简答题

(1) 证明:对任一满二叉树,其分支数 $B=2(n_0-1)$。(其中,n_0 为终端结点数)

【解答】 因为在满二叉树中没有度为 1 的结点,所以有:

$$n=n_0+n_2$$

设 B 为树中分支数,则

$$n=B+1$$

所以

$$B=n_0+n_2-1$$

再由二叉树性质:

$$n_0=n_2+1$$

代入上式有:

$$B=n_0+n_0-1-1=2(n_0-1)$$

(2) 证明:已知一棵二叉树的前序序列和中序序列,则可唯一确定该二叉树。

【解答】 证明采用归纳法。

设二叉树的前序遍历序列为 $a_1a_2a_3\cdots a_n$,中序遍历序列为 $b_1b_2b_3\cdots b_n$。

当 $n=1$ 时,前序遍历序列为 a_1,中序遍历序列为 b_1,二叉树只有一个根结点,所以,$a_1=b_1$,可以唯一确定该二叉树。

假设当 $n\leqslant k$ 时,前序遍历序列 $a_1a_2a_3\cdots a_k$ 和中序遍历序列 $b_1b_2b_3\cdots b_k$ 可唯一确定该二叉树,下面证明当 $n=k+1$ 时,前序遍历序列 $a_1a_2a_3\cdots a_ka_{k+1}$ 和中序遍历序列 $b_1b_2b_3\cdots b_kb_{k+1}$ 可唯一确定一棵二叉树。

在前序遍历序列中第一个访问的一定是根结点,即二叉树的根结点是 a_1,在中序遍历序列中查找值为 a_1 的结点,假设为 b_i,则 $a_1=b_i$ 且 $b_1b_2\cdots b_{i-1}$ 是对根结点 a_1 的左子树进行中序遍历的结果,前序遍历序列 $a_2a_3\cdots a_i$ 是对根结点 a_1 的左子树进行前序遍历的结果,由归纳假设,前序遍历序列 $a_2a_3\cdots a_i$ 和中序遍历序列 $b_1b_2\cdots b_{i-1}$ 唯一确定了根结点的左子树,同样可证前序遍历序列 $a_{i+1}a_{i+2}\cdots a_{k+1}$ 和中序遍历序列 $b_{i+1}b_{i+2}\cdots b_{k+1}$ 唯一确定了根结点的右子树。

(3) 已知一棵度为 m 的树中有:n_1 个度为 1 的结点,n_2 个度为 2 的结点,……,n_m 个度为 m 的结点。问该树中共有多少个叶子结点?

【解答】 设该树的总结点数为 n,则

$$n=n_0+n_1+n_2+\cdots+n_m$$

又有

$$n = 分枝数 + 1 = 0 \times n_0 + 1 \times n_1 + 2 \times n_2 + \cdots + m \times n_m + 1$$

由上述两式可得：
$$n_0 = n_2 + 2n_3 + \cdots + (m-1)n_m + 1$$

（4）已知二叉树的中序和后序序列分别为 $CBEDAFIGH$ 和 $CEDBIFHGA$，试构造该二叉树。

【解答】 二叉树的构造过程如图 5-10 所示。

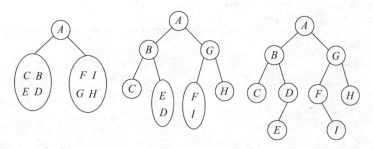

图 5-10　二叉树的构造过程

（5）对给定的一组权值 $W=(5,2,9,11,8,3,7)$，试构造相应的哈夫曼树，并计算它的带权路径长度。

【解答】 构造的哈夫曼树如图 5-11 所示。

树的带权路径长度为：$2\times 4 + 3\times 4 + 5\times 3 + 7\times 3 + 8\times 3 + 9\times 2 + 11\times 2 = 120$

（6）已知某字符串 S 中共有 8 种字符，各种字符分别出现 2 次、1 次、4 次、5 次、7 次、3 次、4 次和 9 次，对该字符串用 [0,1] 进行前缀编码，问该字符串的编码至少有多少位。

【解答】 以各字符出现的次数作为叶子结点的权值构造的哈夫曼编码树如图 5-12 所示。其带权路径长度 $= 2\times 5 + 1\times 5 + 3\times 4 + 5\times 3 + 9\times 2 + 4\times 3 + 4\times 3 + 7\times 2 = 98$，所以，该字符串的编码长度至少为 98 位。

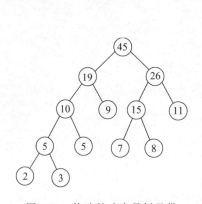

图 5-11　构造的哈夫曼树及带权路径长度

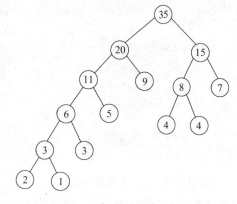

图 5-12　哈夫曼编码树

5. 算法设计题

(1) 设计算法求二叉树的结点个数。

【解答】 本算法不是要打印每个结点的值,而是求出结点的个数。所以可将遍历算法中的"访问"操作改为"计数操作",将结点的数目累加到一个全局变量中,每个结点累加一次即完成了结点个数的求解。具体算法如下:

求二叉树结点个数算法 Count

```
template <class T>
void Count(BiNode<T> * root)            //count 为全局量并已初始化为 0
{
    if (root != NULL) {
        Count(root->lchild);
        count++;
        Count(root->rchild);
    }
}
```

(2) 设计算法按前序次序打印二叉树中的叶子结点。

【解答】 本算法的要求与前序遍历算法既有相同之处,又有不同之处。相同之处是打印次序均为前序,不同之处是此处不是打印每个结点的值,而是打印出其中的叶子结点,即为有条件打印。为此,将前序遍历算法中的访问操作改为条件打印即可。算法如下:

打印叶子结点算法 PreOrder Print

```
template <class T>
void PreOrder Print(BiNode<T> * root)
{
    if (root != NULL) {
        if (!root->lchild && !root->rchild) cout<<root->data;
        PreOrder(root->lchild);
        PreOrder(root->rchild);
    }
}
```

(3) 设计算法求二叉树的深度。

【解答】 当二叉树为空时,深度为 0;若二叉树不为空,深度应是其左右子树深度的最大值加 1,而其左右子树深度的求解又可通过递归调用本算法来完成。具体算法如下:

求二叉树深度算法 Depth

```
template <class T>
int Depth(BiNode<T> * root)
{
    if (root == NULL) return 0;
    else {
        hl = Depth(root->lchild);
        hr = Depth(root->rchild);
        return max(hl, hr) + 1;
    }
}
```

（4）编写算法,要求输出二叉树后序遍历序列的逆序。

【解答】 要想得到后序的逆序,只要按照后序遍历相反的顺序即可,即先访问根结点,再遍历根结点的右子树,最后遍历根结点的左子树。要注意和前序遍历的区别,具体算法如下：

后序的逆序遍历算法 PostOrder

```
template <class T>
void PostOrder(BiNode<T> * root)
{
    if (root != NULL) {
        cout<<root->data;
        PostOrder(root->rchild);
        PostOrder(root->lchild);
    }
}
```

（5）以二叉链表为存储结构,编写算法求二叉树中结点 x 的双亲。

【解答】 对二叉链表进行遍历,在遍历的过程中查找结点 x 并记载其双亲。具体算法如下：

查找某结点的双亲算法 Parent

```
template <class T>
BiNode<T> * Parent(BiNode<T> * root, T x)         //p 是全局量,初值为空
{
    if (root != NULL) {
        if (root->data == x) return p;
        else {
            p = root;
```

```
            Parent(root->lchild, x);
            Parent(root->rchild, x);
        }
    }
}
```

(6) 以二叉链表为存储结构，在二叉树中删除以值 x 为根结点的子树。

【解答】 对二叉链表进行遍历，在遍历的过程中查找结点 x 并记载其双亲，然后将结点 x 的双亲结点中指向结点 x 的指针置空。具体算法如下：

删除结点 x 算法 Delete

```
template <class T>
void Delete(BiNode<T> * root, T x)                       //p是全局量,初值为空
{
    if (root != NULL) {
        if (root->data == x) {
            if (p == NULL) root = NULL;
            else if (p->lchild == root) p->lchild = NULL;
                else p->rchild = NULL;
        }
        else {
            p = root;
            Delete(root->lchild, x);
            Delete(root->rchild, x);
        }
    }
}
```

(7) 一棵具有 n 个结点的二叉树采用顺序存储结构，编写算法对该二叉树进行前序遍历。

【解答】 按照题目要求，设置一个工作栈以完成对该树的非递归算法，思路如下：

① 每访问一个结点，将此结点压栈，查看此结点是否有左子树，若有，则访问左子树，重复执行该过程直到左子树为空；

② 从栈弹出一个结点，如果此结点有右孩子结点，则执行步骤①，否则执行步骤③；

③ 如果栈为空，则算法结束，否则执行步骤②。

具体算法如下：

顺序存储的前序遍历算法 PreOrder

```
template <class T>
void PreOrder(T A[ ], int n)
{
    top = -1;                                    //栈初始化,采用顺序栈并假定不会发生溢出
    i = 1; cout<<A[i]; S[++top] = i;
    j = 2 * i;
    while (top != -1)
    {
        while (j <= n)
        {
            cout<<A[j];
            S[++top] = j;
            i = j; j = 2 * i;
        }
        i = S[top--];
        i = 2 * i + 1;
    }
}
```

(8) 编写算法交换二叉树中所有结点的左右子树。

【解答】 对二叉树进行后序遍历,在遍历过程中访问某结点时交换该结点的左右子树。具体算法如下:

交换左右子树算法 Exchange

```
template <class T>
void Exchange(BiNode<T> * root)
{
    if (root != NULL) {
        Exchange(root->lchild);
        Exchange(root->rchild);
        root->lchild ←→ root->rchild;            //交换左右子树
    }
}
```

(9) 以孩子兄弟表示法构建存储结构,求树中结点 x 的第 i 个孩子。

【解答】 先在链表中进行遍历,在遍历过程中查找值等于 x 的结点,然后由此结点的最左孩子域 firstchild 找到值为 x 结点的第一个孩子,再沿右兄弟域 rightsib 找到值为 x 结点的第 i 个孩子并返回指向这个孩子的指针。

树的孩子兄弟表示法中的结点结构定义如下:

```
template <class T>
```

```
struct TNode
{
    T data;
    TNode * firstchild, * rightsib;
};
```

具体算法如下:

查找第 i 个孩子算法 Search

```
template <class T>
TNode<T> * Search(TNode<T> * root, T x, int i)
{
    if (root->data == x) {
        j = 1;
        p = root->firstchild;
        while (p != NULL && j < i)
        {
            j++;
            p = p->rightsib;
        }
        if (p != NULL) return p;
        else return NULL;
    }
    Search(root->firstchild, x, i);
    Search(root->rightsib, x, i);
}
```

5.3.2 学习自测题及答案

1. 填空题

(1) 对于一棵具有 n 个结点的树,其所有结点的度之和为(　　)。

【解答】 $n-1$。

(2) 在顺序存储的二叉树中,编号为 i 和 j 的两个结点处在同一层的条件是(　　)。

【解答】 $\lfloor \log_2 i \rfloor = \lfloor \log_2 j \rfloor$。

2. 单项选择题

(1) 前序遍历和中序遍历结果相同的二叉树是(　　)。

　　A. 根结点无左孩子的二叉树　　　　B. 根结点无右孩子的二叉树
　　C. 所有结点只有左子树的二叉树　　D. 所有结点只有右子树的二叉树

【解答】 D。

(2) 由权值为{3,8,6,2,5}的叶子结点生成一棵哈夫曼树,其带权路径长度为(　　)。

A. 24　　　　　B. 48　　　　　C. 53　　　　　D. 72

【解答】　C。

(3) 用顺序存储的方法将完全二叉树中的所有结点逐层存放在数组 A[1]～A[n] 中,结点 A[i]若有左子树,则左子树的根结点是(　　)。

A. A[2i−1]　　　B. A[2i+1]　　　C. A[i/2]　　　D. A[2i]

【解答】　D。

(4) 对任何一棵二叉树 T,如果其终端结点的个数为 n_0,度为 2 的结点个数为 n_2,则(　　)。

A. $n_0 = n_2 - 1$　　　　　　　　B. $n_0 = n_2$

C. $n_0 = n_2 + 1$　　　　　　　　D. 没有规律

【解答】　C。

(5) 一棵满二叉树中共有 n 个结点,其中有 m 个叶子结点,深度为 h,则(　　)。

A. $n = h + m$　　　　　　　　B. $h + m = 2n$

C. $m = h - 1$　　　　　　　　D. $n = 2^h - 1$

【解答】　D。

(6) 对于完全二叉树中的任一结点,若其右分支下的子孙的最大层次为 h,则其左分支下的子孙的最大层次为(　　)。

A. h　　　　　B. $h+1$　　　　　C. h 或 $h+1$　　　　　D. 任意

【解答】　C。

(7) 假定一棵度为 3 的树中结点数为 50,则其最小高度应为(　　)。

A. 3　　　　　B. 4　　　　　C. 5　　　　　D. 6

【解答】　C。

(8) 在线索二叉树中,一个结点是叶子结点的充要条件为(　　)。

A. 左线索标志为 0,右线索标志为 1　　　B. 左线索标志为 1,右线索标志为 0

C. 左、右线索标志均为 0　　　　　　　　D. 左、右线索标志均为 1

【解答】　D。

3. 简答题

(1) 现有按前序遍历二叉树的结果 ABC,问有哪几种不同的二叉树可以得到这一结果?

【解答】　共有 5 种二叉树可以得到这一结果,如图 5-13 所示。

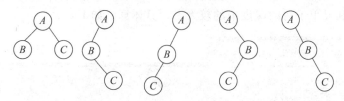

图 5-13　前序序列为 ABC 的二叉树

(2) 试找出分别满足下列条件的所有二叉树:

① 前序序列和中序序列相同。

② 中序序列和后序序列相同。
③ 前序序列和后序序列相同。

【解答】 ① 空二叉树、只有一个根结点的二叉树和右斜树。
② 空二叉树、只有一个根结点的二叉树和左斜树。
③ 空二叉树、只有一个根结点的二叉树。

(3) 将如图 5-14 所示的树转换为二叉树,将如图 5-15 所示的二叉树转换为树或森林。

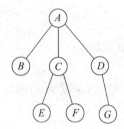

图 5-14　一棵树

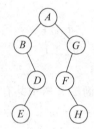

图 5-15　一棵二叉树

【解答】 图 5-14 所示的树转换的二叉树如图 5-16 所示,图 5-15 所示的二叉树转换的森林如图 5-17 所示。

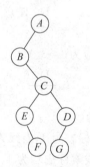

图 5-16　转换后的二叉树

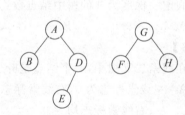

图 5-17　转换后的森林

4．算法设计题

(1) 以孩子兄弟表示法作为存储结构,编写算法求树的深度。

【解答】 采用递归算法实现。若树为空树,则其深度为 0,否则其深度等于第一棵子树的深度加 1 和兄弟子树的深度中的较大者。具体算法如下:

求树的深度算法 Depth

```
template <class T>
int Depth(TNode<T> * root)
{
    if (root == NULL) return 0;
    else {
```

```
        h1 = Depth(root->firstchild);
        h2 = Depth(root->rightsib);
        return max(h1 + 1, h2);
    }
}
```

(2) 设计算法,判断一棵二叉树是否为完全二叉树。

【解答】 根据完全二叉树的定义可知,对完全二叉树按照从上到下、从左到右的次序(即层序)遍历应该满足:

(1) 若某结点没有左孩子,则其一定没有右孩子;

(2) 若某结点无右孩子,则其所有后继结点一定无孩子。

若有一结点不满足其中任意一条,则该二叉树就一定不是完全二叉树。因此可采用按层次遍历二叉树的方法依次对每个结点进行判断是否满足上述两个条件。为此,需设两个标志变量 BJ 和 CM,其中 BJ 表示已扫描过的结点是否均有左右孩子,CM 存放局部判断结果及最后的结果。

具体算法如下:

判断完全二叉树算法 ComBiTree

```
template <class T>
int ComBiTree(BiNode<T> * root)
{
    front = rear = -1;                    //队列初始化,采用顺序队列并假定不会发生溢出
    BJ = 1; CM = 1;
    if (root != NULL) {
        Q[++rear] = root;
        while (front != rear)
        {
            p = Q[++front];
            if (p->lchild == NULL) {
                BJ = 0;
                if (p->rchild != NULL) CM = 0;
            }
            else {
                CM = BJ;
                Q[++rear] = p->lchild;
                if (p->rchild == NULL) BJ = 0;
                else Q[++front] = p->rchild;
            }
        }
    }
    return CM;
}
```

第 6 章 图

6.1 本章导学

1. 知识结构图

本章的知识结构如图 6-1 所示。

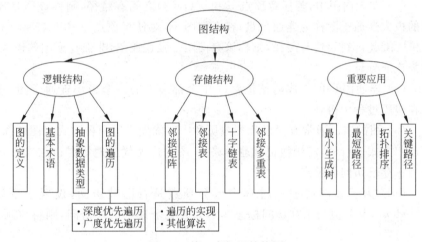

图 6-1 第 6 章知识结构图

2. 学习要点

本章是本书内容的难点和重点。

本章的学习要从逻辑结构和存储结构两条主线出发,以图的定义和基本术语为基础,深刻理解图的两种遍历(深度优先和广度优先)的执行过程以及以遍历为核心的其他操作,如求生成树、连通分量等。图的存储结构很多,注意各种存储结构之间的比较,并学会在实际问题中修改存储结构,达到灵活运用的目标。

图有很多重要应用,这些重要应用构成了本章的难点,对这些重要应用的学习,首先要把握其基本思想;其次,掌握算法的执行过程和顶层伪代码描述;再次,分析算法采用的存储结构和引入的辅助数据结构,最后才能掌握具体的算法。

3. 重点整理

（1）图是由顶点的有穷非空集合和顶点之间边的集合组成。如果图的任意两个顶点之间的边都是无向边，则称该图为无向图，否则称该图为有向图。

（2）在无向图中，对于任意顶点 v_i 和 v_j，若存在边(v_i,v_j)，则称顶点 v_i 和 v_j 互为邻接点；在有向图中，对于任意顶点 v_i 和 v_j，若存在弧$<v_i,v_j>$，则称顶点 v_j 是 v_i 的邻接点。

（3）含有 n 个顶点的无向完全图共有 $n\times(n-1)/2$ 条边；含有 n 个顶点的有向完全图共有 $n\times(n-1)$ 条边。

（4）在无向图中，顶点 v 的度是指依附于该顶点的边的个数；在有向图中，顶点 v 的入度是指以该顶点为弧头的弧的个数，顶点 v 的出度是指以该顶点为弧尾的弧的个数。

（5）在图中，权通常是指对边赋予的有意义的数值量，边上带权的图称为网或网图。

（6）在无向图 $G=(V,E)$ 中，顶点 v_p 到 v_q 之间的路径是一个顶点序列 $v_p=v_{i0}$，v_{i1}，…，$v_{im}=v_q$，其中，$(v_{ij-1},v_{ij})\in E(1\leqslant j\leqslant m)$；如果 G 是有向图，则$<v_{ij-1},v_{ij}>\in E$($1\leqslant j\leqslant m$)。路径上边的数目称为路径长度。第一个顶点和最后一个顶点相同的路径称为回路。

（7）在无向图中，若任意顶点 v_i 和 $v_j(i\neq j)$ 之间有路径，则称该图是连通图，非连通图的极大连通子图称为连通分量；在有向图中，对任意顶点 v_i 和 $v_j(i\neq j)$，若从顶点 v_i 到 v_j 和从顶点 v_j 到 v_i 均有路径，则称该有向图是强连通图，非强连通图的极大强连通子图称为强连通分量。

（8）连通图 G 的生成树是包含 G 中全部顶点的一个极小连通子图。图的生成树可以在遍历过程中得到。

（9）图的遍历通常有深度优先遍历和广度优先遍历两种方式。图的深度优先遍历是以递归方式进行的，需用栈记载遍历路线；图的广度优先遍历是以层次方式进行的，需用队列保存已访问的顶点。

（10）为了在图的遍历过程中区分顶点是否已被访问，设置一个访问标志数组 visited[n]，其初值为未被访问标志"0"，如果某个顶点已被访问，则将该顶点的访问标志置为"1"。

（11）图的存储结构有邻接矩阵、邻接表、十字链表、邻接多重表等。

（12）图的邻接矩阵存储用一个一维数组存储图中顶点的信息，用一个二维数组存储图中边的信息（邻接矩阵）；图的邻接表存储由边表和顶点表组成，图中每个顶点的所有邻接点构成一个边表，所有边表的头指针和存储顶点信息的一维数组构成顶点表。

（13）最小生成树是无向连通网中代价最小的生成树。最小生成树具有 MST 性质，Prim 算法和 Kruskal 算法是两个利用 MST 性质构造最小生成树的经典算法。Prim 算法的时间复杂度为 $O(n^2)$，适用于求稠密网的最小生成树；Kruskal 算法的时间复杂度为 $O(e\log_2 e)$，适用于求稀疏网的最小生成树。

（14）在网图中，最短路径是指两顶点之间经历的边上权值之和最少的路径。Dijkstra 算法按路径长度递增的次序产生单源点最短路径，时间复杂度为 $O(n^2)$。Floyd 算法采用迭代方式求得每一对顶点之间的最短路径，时间复杂度为 $O(n^3)$。

（15）AOV 网是用顶点表示活动，用弧表示活动之间的优先关系的有向图，测试

AOV 网是否存在回路的方法，就是对 AOV 网进行拓扑排序。

（16）AOE 网是用顶点表示事件，用有向边表示活动，边上的权值表示活动的持续时间的有向图，计算完成整个工程的最短工期，找出关键活动的方法是对 AOE 网求关键路径。

6.2 重点难点释疑

6.2.1 深度优先遍历算法的非递归实现

深度优先遍历算法的非递归实现需要了解深度优先遍历的执行过程，设计一个栈来模拟递归实现中系统设置的工作栈，算法的伪代码描述如下：

1. 栈初始化；
2. 输出起始顶点；将起始顶点改为"已访问"标志；将起始顶点进栈；
3. 重复下列操作直到栈为空：
   3.1 取栈顶元素顶点；（注意不出栈）
   3.2 栈顶元素顶点存在未被访问过的邻接点 w，则
       3.2.1 输出顶点 w；
       3.2.2 将顶点 w 改为"已访问"标志；
       3.2.3 将顶点 w 进栈；
   3.3 否则，从当前顶点退栈；

假设图采用邻接矩阵作为存储结构，具体算法如下：

深度优先遍历非递归算法 DFSTraverse

```
template <class T>
void MGraph::DFSTraverse(int v)          //标志数组 visited[n]已初始化
{
    top = -1;                            //采用顺序栈并假设不会发生溢出
    cout<<vertex[v]; visited[v] = 1; S[ ++ top] = v;
    while (top != -1)
    {
        v = S[top];
        for (j = 0; j < vertexNum; j ++ )
            if (arc[v][j] == 1 && visited[j] == 0) {
                cout<<vertex[j];
                visited[j] = 1;
                S[ ++ top] = j;
                break;
            }
        if (j == vertexNum) top -- ;
    }
}
```

6.2.2 图的遍历算法的应用

图的遍历是图最基本的操作,很多问题的求解方法都是基于图的遍历。

算法 6-1 设计算法求无向图的深度优先生成树。

分析:生成树可以在图的遍历过程中得到。题目要求深度优先生成树,可以从其连通图 $G=(V,E)$ 中任一顶点出发进行深度优先遍历,将边集 E 分成两个集合 T 和 B,其中 T 是遍历过程中经历的边的集合,B 是剩余的边的集合。显然,T 和图 G 中所有顶点一起构成连通图 G 的一棵深度优先生成树。所以,可以修改深度优先遍历算法,在访问某顶点的未访问的邻接点时,将这两个顶点之间的边也记录下来。具体算法如下:

```
求深度优先生成树算法 DFSTraverse

template <class T>
void MGraph::DFSTraverse(int v)
{
    cout<<vertex[v]; visited[v] = 1;
    for (j = 0; j < vertexNum; j++)
        if (arc[v][j] == 1 && visited[j] == 0) {
            cout<<"("<<v<<j<<")";
            DFSTraverse(j);
        }
}
```

算法 6-2 求距离顶点 v 的最短路径长度(以边为单位)为最长的顶点。

分析:由于本题强调所求路径为最短路径,因此可以利用广度优先遍历算法的层次性,从顶点 v 出发进行广度优先遍历时,最后一层的顶点距离 v 的最短路径长度最长。在广度优先遍历序列中,最后一层的顶点中除了最后一个顶点外,其他顶点没有什么特殊的性质,因而不易判断。而最后一个顶点的特殊之处是从队列中最后一个出队,因而只要在算法中将最后一个出队的顶点作为结果即可。下面给出基于邻接矩阵的具体算法。

```
求最长路径算法 MaxDist

template <class T>
int MGraph::MaxDist(int v)                           // visited[n]数组已初始化为 0
{
    front = rear = -1;                               //队列 Q 初始化
    Q[++rear] = v; visited[v] = 1;
    while (front != rear)
    {
        v = Q[++front];
        for (j = 0; j < vertexNum; j++)
            if (arc[v][j] == 1 && visited[j] == 0){
```

```
              Q[ ++rear] = j; visited[j] = 1;
        }
    }
    return v;                                    //v 是最后一个访问的顶点
}
```

6.2.3 有向图的强连通分量

深度优先遍历是求有向图的强连通分量的一个有效方法,具体求解步骤如下:

(1) 在有向图中,从某个顶点出发进行深度优先遍历,并按其所有邻接点的访问都完成(即出栈)的顺序将顶点排列起来。

(2) 在该有向图中,从最后完成访问的顶点出发,沿着以该顶点为头的弧作逆向的深度优先遍历,若此次遍历不能访问到有向图中的所有顶点,则从余下的顶点中最后完成访问的那个顶点出发,继续作逆向的深度优先遍历,依此类推,直至有向图中所有顶点都被访问到为止。

(3) 每一次逆向深度优先遍历所访问到的顶点集便是该有向图的一个强连通分量的顶点集,若仅作一次逆向深度优先遍历就能访问到图的所有顶点,则该有向图是强连通图。

例如对图 6-2(a)所示有向图,从顶点 v_1 出发作深度优先遍历,在访问顶点 v_2 后,顶点 v_2 不存在未访问的邻接点从而成为一个"死结点",如图 6-2(b)所示。将 v_2 从栈顶弹出后,再从顶点 v_1 出发,在访问顶点 v_3,v_4 后,顶点 v_4 不存在未访问的邻接点从而也成为"死结点",如图 6-2(c)所示。将 v_4 从栈顶弹出后,顶点 v_3 不存在未访问的邻接点从而也成为"死结点",将 v_3 从栈顶弹出后,顶点 v_1 不存在未访问的邻接点从而也成为"死结点",也将 v_1 从栈顶弹出,所以,得到出栈的顶点序列为 v_2,v_4,v_3,v_1;再从最后一个出栈的顶点 v_1 出发作逆向的深度优先遍历(逆着有向边的箭头方向),得到一个顶点集 $\{v_1, v_3, v_4\}$,如图 6-2(d)所示;再从顶点 v_2 出发作逆向的深度优先遍历,得到一个顶点集 $\{v_2\}$,如图 6-2(e)所示。这就是该有向图的两个强连通分量的顶点集。

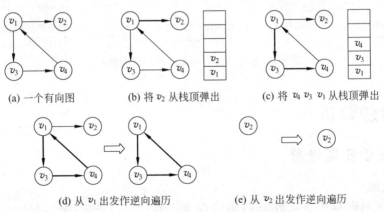

图 6-2 有向图的强连通分量的求解过程

6.2.4 改进的拓扑排序算法

AOV 网是用顶点表示活动,用弧表示活动之间的优先关系的有向图。AOV 网中的弧表示活动之间存在的某种制约关系,判断 AOV 网所代表的工程能否顺利进行,即判断它是否存在回路。而测试 AOV 网是否存在回路的方法,就是对 AOV 网进行拓扑排序。

在拓扑排序的过程中,需要查找所有以某个顶点为尾的弧,即需要找到该顶点的所有出边,所以,图应该采用邻接表存储。另外,在拓扑排序过程中,需要对某顶点的入度进行操作,比如,查找入度等于零的顶点,将某顶点的入度减 1 等,而在图的邻接表中对顶点入度的操作不方便,所以,在顶点表中增加一个入度域,以方便对入度的操作。

为了避免在查找入度等于零的顶点时重复扫描邻接表,算法需要一个栈存放所有入度为 0 的顶点。在拓扑排序的过程中,将入度为 0 的顶点入栈后该顶点的入度域就无用了,利用这些入度域可将所有入度为 0 的顶点组成静态链表,这样就不用单独设立栈,从而节省了存储空间。图 6-3 给出了在拓扑排序过程中,入度域组成的静态栈的变化。

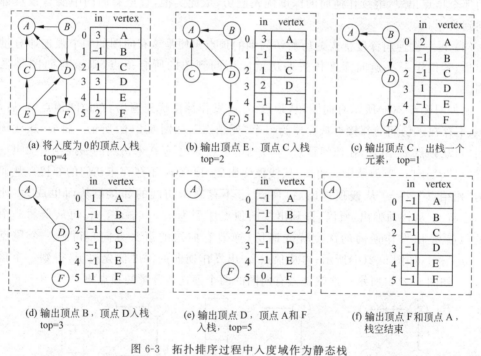

图 6-3 拓扑排序过程中入度域作为静态栈

6.3 习题解析

6.3.1 课后习题讲解

1. 填空题

(1) 设无向图 G 中顶点数为 n,则图 G 至少有(　　)条边,至多有(　　)条边;若 G 为有向图,则至少有(　　)条边,至多有(　　)条边。

【解答】 $0, n(n-1)/2, 0, n(n-1)$。

【分析】 图的顶点集合是有穷非空的,而边集可以是空集;边数达到最多的图称为完全图,在完全图中,任意两个顶点之间都存在边。

(2) 任何连通图的连通分量只有一个,即是( )。

【解答】 其自身。

(3) 图的存储结构主要有两种,分别是( )和( )。

【解答】 邻接矩阵,邻接表。

【分析】 这是最常用的两种存储结构,此外,还有十字链表、邻接多重表、边集数组等。

(4) 已知无向图 G 的顶点数为 n,边数为 e,其邻接表表示的空间复杂度为( )。

【解答】 $O(n+e)$。

【分析】 在无向图的邻接表中,顶点表有 n 个结点,边表有 $2e$ 个结点,共有 $n+2e$ 个结点,其空间复杂度为 $O(n+2e)=O(n+e)$。

(5) 已知一个有向图的邻接矩阵表示,计算第 j 个顶点的入度的方法是( )。

【解答】 求第 j 列的所有元素之和。

(6) 有向图 G 用邻接矩阵 $A[n][n]$ 存储,其第 i 行的所有元素之和等于顶点 i 的( )。

【解答】 出度。

(7) 图的深度优先遍历类似于树的( )遍历,它所用到的数据结构是( );图的广度优先遍历类似于树的( )遍历,它所用到的数据结构是( )。

【解答】 前序,栈,层序,队列。

(8) 对于含有 n 个顶点 e 条边的连通图,利用 Prim 算法求最小生成树的时间复杂度为( ),利用 Kruskal 算法求最小生成树的时间复杂度为( )。

【解答】 $O(n^2), O(e\log_2 e)$。

【分析】 Prim 算法采用邻接矩阵做存储结构,适合于求稠密图的最小生成树;Kruskal 算法采用边集数组做存储结构,适合于求稀疏图的最小生成树。

(9) 如果一个有向图不存在( ),则该图的全部顶点可以排列成一个拓扑序列。

【解答】 回路。

(10) 在一个有向图中,若存在弧 $<v_i, v_j>$、$<v_j, v_k>$、$<v_i, v_k>$,则在其拓扑序列中,顶点 v_i, v_j, v_k 的相对次序为( )。

【解答】 v_i, v_j, v_k。

【分析】 对由顶点 v_i, v_j, v_k 组成的图进行拓扑排序。

2. 单项选择题

(1) 在一个无向图中,所有顶点的度数之和等于所有边数的( )倍。
    A. 1/2   B. 1   C. 2   D. 4

【解答】 C。

【分析】 设无向图中含有 n 个顶点 e 条边,则 $\sum_{i=1}^{n} D(v_i) = 2e$。

(2) n 个顶点的强连通图至少有(　　)条边,其形状是(　　)。

　　A. n　　　　　B. $n+1$　　　　C. $n-1$　　　　D. $n\times(n-1)$

　　E. 无回路　　　F. 有回路　　　　G. 环状　　　　H. 树状

【解答】 A,G。

(3) 含 n 个顶点的连通图中的任意一条简单路径,其长度不可能超过(　　)。

　　A. 1　　　　　B. $n/2$　　　　C. $n-1$　　　　D. n

【解答】 C。

【分析】 若超过 $n-1$,则路径中必存在重复的顶点。

(4) 无向图 G 有 16 条边,度为 4 的顶点有 3 个,度为 3 的顶点有 4 个,其余顶点的度均小于 3,则图 G 至少有(　　)个顶点。

　　A. 10　　　　B. 11　　　　C. 12　　　　D. 13

【解答】 B。

【分析】 根据顶点的度数之和与边数之间的关系,可以列出如下不等式:
$$3\times 4+4\times 3+(x-3-4)\times 2\geqslant 16\times 2$$
解得 x 至少为 11。

(5) 对于一个具有 n 个顶点的无向图,若采用邻接矩阵存储,则该矩阵的大小是(　　)。

　　A. n　　　　B. $(n-1)^2$　　　　C. $n-1$　　　　D. n^2

【解答】 D。

【分析】 具有 n 个顶点的图(包括无向图和有向图),其邻接矩阵是一个 $n\times n$ 的方阵。

(6) 图的生成树(　　),n 个顶点的生成树有(　　)条边。

　　A. 唯一　　　　B. 不唯一　　　　C. 唯一性不能确定

　　D. n　　　　　E. $n+1$　　　　　F. $n-1$

【解答】 C,F。

(7) 设无向图 $G=(V,E)$ 和 $G'=(V',E')$,如果 G' 是 G 的生成树,则下面的说法中错误的是(　　)。

　　A. G' 为 G 的子图

　　B. G' 为 G 的连通分量

　　C. G' 为 G 的极小连通子图且 $V=V'$

　　D. G' 是 G 的一个无环子图

【解答】 B。

【分析】 连通分量是无向图的极大连通子图,其中极大的含义是将依附于连通分量中顶点的所有边都加上,所以,连通分量中可能存在回路。

(8) G 是一个非连通无向图,共有 28 条边,则该图至少有(　　)个顶点。

　　A. 6　　　　B. 7　　　　C. 8　　　　D. 9

【解答】 D。

【分析】 n 个顶点的无向图中,边数 $e\leqslant n(n-1)/2$,将 $e=28$ 代入,有 $n\geqslant 8$,现已知无

向图非连通,则 $n=9$。

(9) 假设一个有向图具有 n 个顶点 e 条边,该有向图采用邻接矩阵存储,则删除与顶点 i 相关联的所有边的时间复杂度是(   )。

    A. $O(n)$　　　　B. $O(e)$　　　　C. $O(n+e)$　　　　D. $O(n*e)$

【解答】 A。

【分析】 只需将邻接矩阵第 i 行和第 i 列的所有元素置为 0。

(10) 用深度优先遍历方法遍历一个有向无环图,并在深度优先遍历算法中按退栈次序打印出相应的顶点,则输出的顶点序列是(   )。

    A. 逆拓扑有序　　　B. 拓扑有序　　　C. 无序　　　D. 顶点编号次序

【解答】 A。

【分析】 在图的深度优先遍历算法中,当某顶点没有未曾访问的邻接点时执行退栈操作,则按退栈次序输出的顶点序列是逆拓扑序列。

(11) 对如图 6-4 所示的有向图从顶点 a 出发进行深度优先遍历,不可能得到的遍历序列是(   )。

    A. $adbefc$　　　　B. $adcefb$　　　　C. $adcbfe$　　　　D. $adefbc$

【解答】 A。

【分析】 对于备选答案 A,访问了顶点 adb 后可以访问顶点 c 和 f,而不能访问顶点 e。

(12) 最小生成树指的是(   )。

    A. 由连通网所得到的边数最少的生成树

    B. 由连通网所得到的顶点数相对较少的生成树

    C. 连通网中所有生成树中权值之和为最小的生成树

    D. 连通网的极小连通子图

【解答】 C。

(13) 对如图 6-5 所示的无向连通网图从顶点 d 开始用 Prim 算法构造最小生成树,在构造过程中加入最小生成树的前 4 条边依次是(   )。

    A. $(d,f)4,(f,e)2,(f,b)3,(b,a)5$

    B. $(f,e)2,(f,b)3,(a,c)3,(f,d)4$

    C. $(d,f)4,(f,e)2,(a,c)3,(b,a)5$

    D. $(d,f)4,(d,b)5,(f,e)2,(b,a)5$

【解答】 A。

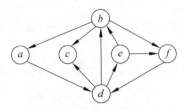

图 6-4　一个有向图

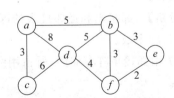

图 6-5　一个无向连通网

【分析】 需要执行 Prim 算法,其简便做法如下:先将顶点 d 涂黑,然后选取一个顶点涂黑另一个顶点未涂黑的权值最小的边,为 $(d,f)4$;然后将顶点 f 涂黑,选取一个顶点涂黑另一个顶点未涂黑的权值最小的边,为 $(f,e)2$;然后将顶点 e 涂黑,再选取一个顶点涂黑另一个顶点未涂黑的权值最小的边,为 $(f,b)3$ 或 $(e,b)3$;然后将顶点 b 涂黑,再选取一个顶点涂黑另一个顶点未涂黑的权值最小的边,为 $(b,a)5$。

(14) 设有如图 6-6 所示的 AOE 网,则事件 v_4 的最早开始时间是(   ),最迟开始时间是(   ),该 AOE 网的关键路径有(   )条。

  A. 11   B. 12   C. 13   D. 14
  E. 1   F. 2   G. 3   H. 4

【解答】 C,C,F。

【分析】 事件 v_4 的最早开始时间是从顶点 v_1 到 v_4 的最长路径长度 13,事件 v_4 的最迟开始时间 = min{事件 v_6 的最迟发生时间 − 11,事件 v_5 的最迟发生时间 − 9} = {24 − 11, 22 − 9} = 13。该 AOE 网的两条关键路径如图 6-7 所示。

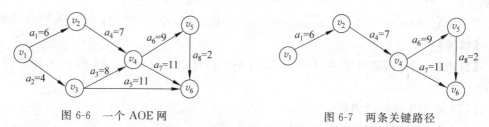

图 6-6 一个 AOE 网   图 6-7 两条关键路径

(15) 下面关于工程计划的 AOE 网的叙述中,不正确的是(   )。

  A. 关键活动不按期完成就会影响整个工程的完成时间
  B. 任何一个关键活动提前完成,那么整个工程将会提前完成
  C. 所有的关键活动都提前完成,那么整个工程将会提前完成
  D. 某些关键活动若提前完成,那么整个工程将会提前完成

【解答】 B。

【分析】 AOE 网中的关键路径可能不止一条,如果某一个关键活动提前完成,还不能提前整个工程,而必须同时提高在几条关键路径上的关键活动。

3. 判断题

(1) 一个有向图的邻接表和逆邻接表中的结点个数一定相等。

【解答】 对。

【分析】 邻接表和逆邻接表的区别仅在于出边和入边,边表中的结点个数都等于有向图中边的个数。

(2) 用邻接矩阵存储图,所占用的存储空间大小只与图中顶点个数有关,而与图的边数无关。

【解答】 对。

【分析】 邻接矩阵的空间复杂度为 $O(n^2)$,与边的个数无关。

(3) 图 G 的生成树是该图的一个极小连通子图。

【解答】 错。

【分析】 必须包含全部顶点。

(4) 无向图的邻接矩阵一定是对称的,有向图的邻接矩阵一定是不对称的。

【解答】 错。

【分析】 有向图的邻接矩阵不一定对称,例如有向完全图的邻接矩阵就是对称的。

(5) 对任意一个图,从某顶点出发进行一次深度优先遍历或广度优先遍历,可访问图的所有顶点。

【解答】 错。

【分析】 只有连通图从某顶点出发进行一次遍历,可访问图的所有顶点。

(6) 在一个有向图的拓扑序列中,若顶点 a 在顶点 b 之前,则图中必有一条弧 $<a,b>$。

【解答】 错。

【分析】 只能说明从顶点 a 到顶点 b 有一条路径。

(7) 若一个有向图的邻接矩阵中对角线以下元素均为 0,则该图的拓扑序列必定存在。

【解答】 对。

【分析】 在该图中,按顶点编号排成线性序列,一定满足拓扑序列的要求。

(8) 在 AOE 网中一定只有一条关键路径。

【解答】 错。

【分析】 AOE 网中可能有不止一条关键路径,它们的路径长度相同。

4. 简答题

(1) n 个顶点的无向图,采用邻接表存储,回答下列问题:

① 图中有多少条边?

② 任意两个顶点 i 和 j 是否有边相连?

③ 任意一个顶点的度是多少?

【解答】

① 边表中的结点个数之和除以 2。

② 第 i 个边表中是否含有结点 j。

③ 该顶点所对应的边表中所含结点个数。

(2) n 个顶点的无向图,采用邻接矩阵存储,回答下列问题:

① 图中有多少条边?

② 任意两个顶点 i 和 j 是否有边相连?

③ 任意一个顶点的度是多少?

【解答】

① 邻接矩阵中非 0 元素个数的总和除以 2。

② 邻接矩阵 A 中 $A[i][j]=1$(或 $A[j][i]=1$)时,表示两顶点之间有边相连。

③ 计算邻接矩阵上该顶点对应的行上非 0 元素的个数。

(3) 证明：生成树中最长路径的起点和终点的度均为 1。

【解答】 用反证法证明。设 $v_1,v_2,\cdots,v_k$ 是生成树的一条最长路径,其中,v_1 为起点,v_k 为终点。若 v_k 的度为 2,取 v_k 的另一个邻接点 v,由于生成树中无回路,所以,v 在最长路径上,显然 $v_1,v_2,\cdots,v_k,v$ 的路径最长,与假设矛盾。所以生成树中最长路径的终点的度为 1。

同理可证起点 v_1 的度不能大于 1,只能为 1。

(4) 已知一个连通图如图 6-8 所示,试给出图的邻接矩阵和邻接表存储示意图,若从顶点 v_1 出发对该图进行遍历,分别给出一个按深度优先遍历和广度优先遍历的顶点序列。

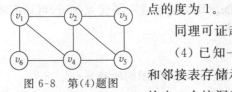

图 6-8　第(4)题图

【解答】 邻接矩阵表示如下：

$$\begin{pmatrix} 0 & 1 & 0 & 1 & 0 & 1 \\ 1 & 0 & 1 & 1 & 1 & 0 \\ 0 & 1 & 0 & 0 & 1 & 0 \\ 1 & 1 & 0 & 0 & 1 & 1 \\ 0 & 1 & 1 & 1 & 0 & 0 \\ 1 & 0 & 0 & 1 & 0 & 0 \end{pmatrix}$$

邻接表表示如下：

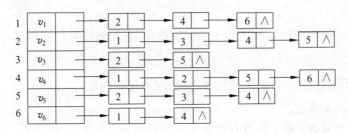

深度优先遍历序列为：$v_1\ v_2\ v_3\ v_5\ v_4\ v_6$。

广度优先遍历序列为：$v_1\ v_2\ v_4\ v_6\ v_3\ v_5$。

(5) 图 6-9 是一个无向带权图,请分别按 Prim 算法和 Kruskal 算法求最小生成树。

【解答】 按 Prim 算法求最小生成树的过程如图 6-10 所示。

按 Kruskal 算法求最小生成树的过程如图 6-11 所示。

(6) 有如图 6-12 所示的有向网图,利用 Dijkstra 算法求从顶点 v_1 到其他各顶点的最短路径。

【解答】 从源点 v_1 到其他各顶点的最短路径如表 6-1 所示。

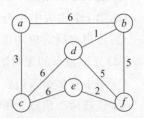

图 6-9　第(5)题图

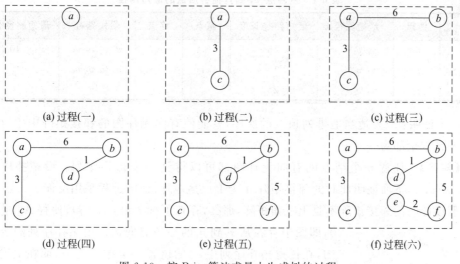

图 6-10 按 Prim 算法求最小生成树的过程

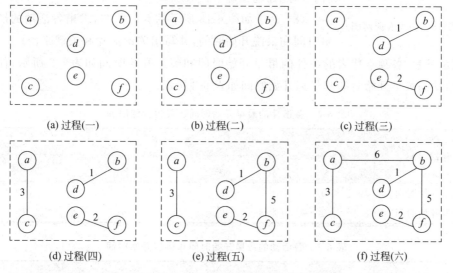

图 6-11 按 Kruskal 算法求最小生成树的过程

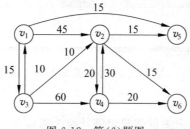

图 6-12 第(6)题图

表 6-1　从源点 v_1 到其他各顶点的最短路径

源点	终点	最短路径	最短路径长度	源点	终点	最短路径	最短路径长度
v_1	v_3	$v_1\ v_3$	15	v_1	v_6	$v_1\ v_3\ v_2\ v_6$	40
v_1	v_5	$v_1\ v_5$	15	v_1	v_4	$v_1\ v_3\ v_2\ v_4$	45
v_1	v_2	$v_1\ v_3\ v_2$	25				

(7) 证明：只要适当地排列顶点的次序，就能使有向无环图的邻接矩阵中主对角线以下的元素全部为 0。

【解答】　任意 n 个结点的有向无环图都可以得到一个拓扑序列。设拓扑序列为 $v_0\ v_1\ v_2\cdots v_{n-1}$，下面证明此时的邻接矩阵 $\mathbf{A}$ 为上三角矩阵，证明过程采用反证法。

假设此时的邻接矩阵不是上三角矩阵，那么，存在下标 i 和 $j(i>j)$，使得 $\mathbf{A}[i][j]\neq 0$，即图中存在从 v_i 到 v_j 的一条有向边。由拓扑序列的定义可知，在任意拓扑序列中，v_i 的位置一定在 v_j 之前，而在上述拓扑序列 $v_0\ v_1\ v_2\cdots v_{n-1}$ 中，由于 $i>j$，即 v_i 的位置在 v_j 之后，导致矛盾。因此命题正确。

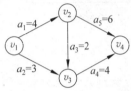

图 6-13　一个有向网图

(8) 对于如图 6-13 所示的有向网图，求出各活动的最早开始时间和最晚开始时间，并写出关键活动和关键路径。

【解答】　各顶点代表的事件的最早开始时间和最迟开始时间如表 6-2 所示，各边代表的活动的最早开始时间和最迟开始时间如表 6-3 所示。

表 6-2　各事件的最早开始时间和最迟开始时间

开始时间	事件			
	v_1	v_2	v_3	v_4
最早开始时间	0	4	6	10
最迟开始时间	0	4	6	10

表 6-3　各活动的最早开始时间和最迟开始时间

开始时间	活动				
	a_1	a_2	a_3	a_4	a_5
最早开始时间	0	0	4	6	4
最迟开始时间	0	3	4	6	4

关键活动是 a_1，a_3，a_4 和 a_5，它们组成两条关键路径，如图 6-14 所示。

5. 算法设计题

(1) 设计算法，将一个无向图的邻接矩阵转换为邻接表。

【解答】　先设置一个空的邻接表，然后在邻接矩阵上查找值不为 0 的元素，找到后在邻接表的对应单链表中插入相应的边表结点。算法如下：

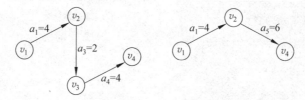

图 6-14 两条关键路径

邻接矩阵转为邻接表算法 MatToList

```
void MatToList(AdjMatrix &A, AdjList &B)
{
    B.vertexNum = A.vertexNum; B.arcNum = A.arcNum;
    for (i = 0; i < A.vertexNum; i ++)
        B.adjlist[i].firstedge = NULL;
    for (i = 0; i < A.vertexNum; i ++)
        for (j = 0; j < i; j ++)
            if (A.arc[i][j] != 0) {
                p = new ArcNode;
                p->adjvex = j;
                p->next = B.adjlist[i].firstedge;
                B.adjlist[i].firstedge = p;
            }
}
```

（2）设计算法,将一个无向图的邻接表转换成邻接矩阵。

【解答】 在邻接表上顺序地取每个边表中的结点,将邻接矩阵中对应单元的值置为 1。邻接矩阵和邻接表的存储结构定义与上题相同。算法如下:

邻接表转为邻接矩阵算法 ListToMat

```
void ListToMat(AdjMatrix &A, AdjList &B)
{
    A.vertexNum = B.vertexNum; A.arcNum = B.arcNum;
    for (i = 0; i < A.vertexNum; i ++)
        for (j = 0; j < A.vertexNum; j ++)
            A.arc[i][j] = 0;
    for (i = 0; i < A.vertexNum; i ++)
    {
        p = B.adjlist[i].firstedge;
        while (p != NULL)
        {
            j = p->adjvex;
```

```
            a[i][j] = 1;
            p = p->next;
        }
    }
}
```

（3）设计算法，计算图中出度为 0 的顶点个数。

【解答】 在有向图的邻接矩阵中，一行对应一个顶点，每行的非 0 元素的个数等于对应顶点的出度。因此，当某行非 0 元素的个数为 0 时，则对应顶点的出度为 0。据此，从第一行开始，查找每行的非 0 元素个数是否为 0，若是则计数器加 1。具体算法如下：

统计出度为 0 的算法 SumZero

```
int SumZero(AdjMatrix A)
{
    count = 0;
    for (i = 0; i < A.vertexNum; i++)
    {
        tag = 0;
        for (j = 0; j < A.vertexNum; j++)
            if (arcs[i][j] != 0){
                tag = 1;
                break;
            }
        if (tag == 0) count++;
    }
    return count;
}
```

（4）以邻接表作存储结构，设计按深度优先遍历图的非递归算法。

【解答】 参见 6.2.1 节。

（5）已知一个有向图的邻接表，编写算法建立其逆邻接表。

【解答】 在有向图中，若邻接表中顶点 v_i 有邻接点 v_j，在逆邻接表中 v_j 一定有邻接点 v_i，由此得到本题算法思路：首先将逆邻接表的表头结点 firstedge 域置空，然后逐行将表头结点的邻接点进行转化。

建立逆邻接表算法 List

```
void List(AdjList A, AdjList &B)
{
    B.vertexNum = A.vertexNum; B.arcNum = A.arcNum;
    for (i = 0; i < A.vertexNum; i++)
        B.adjlist[i].firstedge = NULL;
```

```
    for (i = 0; i < A.vertexNum; i++)
    {
        p1 = A.adjlist[i].firstedge;
        while (p1 != NULL)
        {
            j = p1->adjvex;
            p2 = new ArcNode;
            p2->adjvex = i;
            p2->next = B.adjlist[j].firstedge;
            B.adjlist[j].firstedge = p2;
            p1 = p1->next;
        }
    }
}
```

（6）分别基于深度优先搜索和广度优先搜索编写算法，判断以邻接表存储的有向图中是否存在由顶点 v_i 到顶点 v_j 的路径（$i \neq j$）。

【解答】① 基于深度优先遍历：

判断路径算法 DFS

```
int DFS(int i, int j)                    //visited[ ]数组已初始化为0
{
    top = -1;
    visited[i] = 1; stack[++top] = i; yes = 0;
    while (top != -1 || yes == 0)
    {
        i = stack[top];
        p = adjlist[i].firstedge;
        while (p != NULL && yes == 0)
        {
            t = p->adjvex;
            if (t == j) yes = 1;
            else if (visited[t] == 0) {
                    visited[t] = 1; stack[++top] = t;
                }
                else p = p->next;
        }
        if (p == NULL) top--;
    }
    return yes;
}
```

② 基于广度优先遍历：

判断路径算法 BFS

```
int BFS(int i, int j)                    //visited[]数组已初始化为0
{
    front = -1; rear = -1;  //队列首尾指针初始化
    visited[i] = 1; queue[++rear] = i; yes = 0;
    while (front != rear || yes == 0)
    {
        i = queue[++front];
        p = adjlist[i].firstedge;
        while (p != NULL && yes == 0)
        {
            t = p->adjvex;
            if (t == j) yes = 1;
            else if (visited[t] == 0) {
                visited[t] = 1;
                queue[++rear] = t;
            }
            else p = p->next;
        }
    }
    return yes;
}
```

6.3.2 学习自测题及答案

1. 填空题

（1）十字链表适合存储（　　），邻接多重表适合存储（　　）。

【解答】 有向图，无向图。

（2）n 个顶点的连通图用邻接矩阵表示时，该矩阵至少有（　　）个非 0 元素。

【解答】 $2(n-1)$。

（3）表示一个有 100 个顶点，1000 条边的有向图的邻接矩阵有（　　）个非 0 矩阵元素。

【解答】 1000。

2. 单项选择题

（1）从某无向图的邻接矩阵

$$A = \begin{pmatrix} 0 & 1 & 0 \\ 1 & 0 & 1 \\ 0 & 1 & 0 \end{pmatrix}$$

可以得出,该图共有(　　)个顶点。

　　A. 3　　　　　　　　　　　　　　B. 6

　　C. 9　　　　　　　　　　　　　　D. 以上答案均不正确

【解答】　A。

(2) 无向图的邻接矩阵是一个(　　),有向图的邻接矩阵是一个(　　)。

　　A. 上三角矩阵　　B. 下三角矩阵　　C. 对称矩阵　　D. 无规律

【解答】　C,D。

(3) 下列命题正确的是(　　)。

　　A. 一个图的邻接矩阵表示是唯一的,邻接表表示也是唯一的

　　B. 一个图的邻接矩阵表示是唯一的,邻接表表示是不唯一的

　　C. 一个图的邻接矩阵表示不唯一的,邻接表表示是唯一的

　　D. 一个图的邻接矩阵表示不唯一的,邻接表表示也是不唯一的

【解答】　B。

(4) 在一个具有 n 个顶点的有向完全图中包含有(　　)条边。

　　A. $n(n-1)/2$　　B. $n(n-1)$　　C. $n(n+1)/2$　　D. n^2

【解答】　B。

(5) 一个具有 n 个顶点 k 条边的无向图是一个森林($n>k$),则该森林中必有(　　)棵树。

　　A. k　　　　　　B. n　　　　　　C. $n-k$　　　　　　D. 1

【解答】　C。

(6) 用深度优先遍历方法遍历一个有向无环图,并在深度优先遍历算法中按退栈次序打印出相应的顶点,则输出的顶点序列是(　　)。

　　A. 逆拓扑有序　　　　　　　　　　B. 拓扑有序

　　C. 无序　　　　　　　　　　　　　D. 深度优先遍历序列

【解答】　A。

(7) 关键路径是 AOE 网中(　　)。

　　A. 从源点到终点的最长路径　　　　B. 从源点到终点的最长路径

　　C. 最长的回路　　　　　　　　　　D. 最短的回路

【解答】　A。

3. 简答题

(1) 已知无向图 G 的邻接表如图 6-15 所示,分别写出从顶点 1 出发的深度遍历和广度遍历序列,并画出相应的生成树。

【解答】　深度优先遍历序列为 123456,对应的生成树如图 6-16 所示。广度优先遍历序列为 124356,对应的生成树如图 6-17 所示。

(2) 已知一个 AOV 网如图 6-18 所示,写出所有拓扑序列。

【解答】　拓扑序列为:v_0 v_1 v_5 v_2 v_3 v_6 v_4,v_0 v_1 v_5 v_2 v_6 v_3 v_4,v_0 v_1 v_5 v_6 v_2 v_3 v_4。

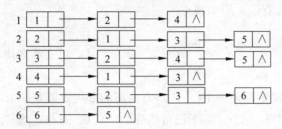

图 6-15　无向图的邻接表

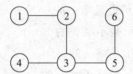

图 6-16　深度优先生成树

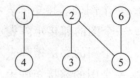

图 6-17　广度优先生成树

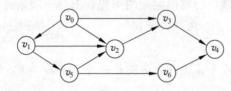

图 6-18　第(2)题图

第 7 章 查找技术

7.1 本章导学

1. 知识结构图

本章的知识结构如图 7-1 所示。

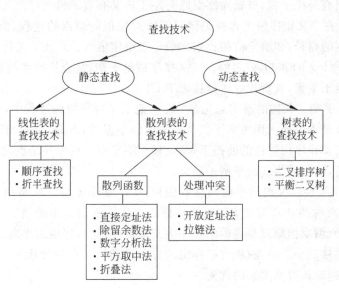

图 7-1　第 7 章知识结构图

2. 学习要点

本章的学习要以静态查找和动态查找为主线,注意各种查找技术适用的条件以及查找性能的比较。从是否基于比较的角度,可以将查找分为两类:比较型查找和计算型查找,线性表和树表的查找属于比较型查找,散列表的查找属于计算型查找。在散列查找技术中,散列函数的设计具有很大的灵活性,要学会根据查找集合以及记录的特点设计合适的散列函数,处理冲突的方法基本上也是沿用基本的存储方法:基于数组、基于链表,或二者的结合。

3. 重点整理

（1）查找以集合为数据结构，以查找为核心操作。不涉及插入和删除操作的查找称为静态查找；涉及插入和删除操作的查找称为动态查找。

（2）查找算法的时间性能通常用平均查找长度来度量。

（3）顺序查找的平均查找长度为 $O(n)$，适用条件：不要求记录按关键码有序；应用于顺序存储和链接存储。

（4）折半查找的平均查找长度为 $O(\log_2 n)$，适用条件：记录按关键码有序；采用顺序存储。

（5）折半查找判定树是描述折半查找过程的二叉树，其深度为 $\lfloor \log_2 n \rfloor + 1$。查找任一记录的过程，即是折半查找判定树中从根结点到该记录结点的路径，和给定值的比较次数等于该记录结点在判定树中的层数。

（6）在二叉排序树中，结点的查找、插入和删除操作的时间性能均在 $O(\log_2 n)$ 和 $O(n)$ 之间，平均情况下为 $O(\log_2 n)$。

（7）在二叉排序树上执行删除操作，要考虑三种情况：被删除结点是叶子结点；被删除结点只有一棵子树；被删除结点既有左子树又有右子树。

（8）在二叉排序树上查找关键码等于给定值的结点的过程，恰好走了一条从根结点到该结点的路径，和给定值的比较次数等于给定值的结点在二叉排序树中的层数，其查找性能在 $O(\log_2 n)$ 和 $O(n)$ 之间。二叉排序树越平衡，其查找效率越接近于 $O(\log_2 n)$；二叉排序树越不平衡，其查找效率越接近于 $O(n)$。

（9）平衡二叉树的基本思想是：在构造二叉排序树的过程中，每当插入一个结点时，首先检查是否因插入而破坏了二叉排序树的平衡性，若是，则找出其中最小不平衡子树，在保持二叉排序树特性的前提下，调整最小不平衡子树中各结点之间的链接关系，进行相应的旋转，使之成为新的平衡子树。

（10）平衡二叉树的平衡调整有四种：LL 型、RR 型、LR 型和 RL 型，其中，LL 型和 RR 型是对称的，LR 型和 RL 型是对称的。在平衡调整中遵循"扁担原理"和"旋转优先原则"。所谓扁担原理是将根结点作为支撑点(肩膀)，将根结点向二叉排序树中新插入结点的方向移动一个结点(将肩膀向沉的方向移动)；所谓旋转优先原则是在旋转过程中出现冲突，则旋转过来关系的优先。

（11）散列技术的两个主要问题是：散列函数的设计；处理冲突的方法。

（12）设计散列函数应遵循的原则是：计算简单；函数值(散列地址)分布均匀。常见的散列函数有直接定址法、除留余数法、数字分析法、平方取中法和折叠法等。

（13）处理冲突的常用方法有开放定址法和拉链法。用开放定址法处理冲突得到的散列表叫做闭散列表。开放定址法中常用线性探测法寻找空的散列地址，此时会产生堆积现象。用拉链法处理冲突构造的散列表叫做开散列表。拉链法是将所有关键码为同义词的记录存储在一个同义词子表中，因此不会产生堆积。

（14）对散列表查找效率的度量也采用平均查找长度。在查找过程中，关键码的比较次数取决于产生冲突的概率，而产生冲突的概率有以下三个因素：散列函数是否均匀；处理冲突的方法；散列表的装填因子。

(15) 散列表的装填因子标志着散列表装满的程度。散列表的平均查找长度是装填因子的函数,可以选择一个合适的装填因子使平均查找长度限定在一个范围内,散列查找的时间性能为 $O(1)$。

7.2 重点难点释疑

7.2.1 折半查找判定树及其应用

从折半查找的过程来看,以有序表的中间记录作为比较对象,并以中间记录将表分割为两个子表,对子表继续上述操作。所以,对表中每个记录的查找过程,可用二叉树来描述,二叉树中的每个结点对应有序表中的一个记录,结点中的值为该记录在表中的位置。通常称这个描述折半查找过程的二叉树为折半查找判定树。

长度为 n 的折半查找判定树的构造方法为:

(1) 当 $n=0$ 时,折半查找判定树为空。

(2) 当 $n>0$ 时,折半查找判定树的根结点是有序表中序号为 $mid=(n+1)/2$ 的记录,根结点的左子树是与有序表 $r[1] \sim r[mid-1]$ 相对应的折半查找判定树,根结点的右子树是与 $r[mid+1] \sim r[n]$ 相对应的折半查找判定树。

例如,长度为 10 的折半查找判定树的具体生成过程为:

(1) 在长度为 10 的有序表中进行折半查找,不论查找哪个记录,都必须先和中间记录进行比较,而中间记录的序号为 $(1+10)/2=5$(注意整除是向下取整),即判定树的根结点是 5,如图 7-2(a)所示。

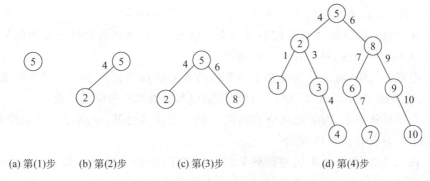

(a) 第(1)步   (b) 第(2)步   (c) 第(3)步   (d) 第(4)步

图 7-2 折半查找判定树的生成过程

(2) 考虑判定树的左子树,即将查找区间调整到左半区,此时的查找区间是 [1,4],也就是说,左分支上为根结点的值减 1,代表查找区间的高端 high,此时,根结点的左孩子是 $(1+4)/2=2$,如图 7-2(b)所示。

(3) 考虑判定树的右子树,即将查找区间调整到右半区,此时的查找区间是 [6,10],也就是说,右分支上为根结点的值加 1,代表查找区间的低端 low,此时,根结点的右孩子是 $(6+10)/2=8$,如图 7-2(c)所示。

(4) 重复第(2)、第(3)步,依次确定每个结点的左右孩子,如图 7-2(d)所示。

对于折半查找判定树,需要补充以下两点:

(1) 折半查找判定树是一棵二叉排序树,即每个结点的值均大于其左子树上所有结点的值,小于其右子树上所有结点的值。

(2) 折半查找判定树中的结点都是查找成功的情况,将每个结点的空指针指向一个实际上并不存在的结点——称为外结点,所有外结点即是查找不成功的情况,如图 7-3 所示。如果有序表的长度为 n,则外结点一定有 $n+1$ 个。

在折半查找判定树中,某结点所在的层数即是查找该结点的比较次数,整个判定树的平均查找长度即为查找每个结点的比较次数之和除以有序表的长度。例如,长度为 10 的有序表的平均查找长度为:

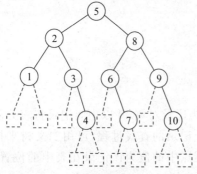

图 7-3 外结点查找不成功

$$ASL=(1\times1+2\times2+3\times4+4\times3)/10=29/10$$

在折半查找判定树中,查找不成功时的比较次数即是查找相应外结点时与内结点的比较次数。整个判定树在查找失败时的平均查找长度即为查找每个外结点的比较次数之和除以外结点的个数。例如,长度为 10 的有序表在查找失败时的平均查找长度为:

$$ASL=(3\times5+4\times6)/11=39/11$$

7.2.2 时空权衡

算法设计有一个重要的原则:时间/空间权衡原则,一般来说,牺牲空间或其他替代资源,通常都可以减少时间代价。例如:

(1) 在单链表的开始结点之前附设一个头结点,使得单链表的插入和删除等操作不用考虑表头的特殊情况,从而减少了时间代价。

(2) 在双链表中,每个结点设置了一个指向前驱结点的指针和一个指向后继结点的指针,用指针的结构性开销,减少了查找前驱结点和后继结点的时间代价。

(3) 在循环队列中,为了把队空和队满的判定条件区分开,浪费了一个数组单元,减少了入队和出队操作的时间代价。

(4) 在二叉链表中,为了快速找到某结点的双亲,为每个结点增加一个双亲指针域,形成三叉链表,用指针的结构性开销,减少了查找双亲的时间代价。

(5) 在有向图中,为了快速对入边和出边进行操作,将邻接表和逆邻接表结合,形成十字链表,用空间换取了对入边和出边操作的时间。

(6) 在拓扑排序算法中,为了避免每次查找入度为 0 的顶点都对顶点表进行扫描,设置了一个栈保存所有入度为 0 的顶点,提高了算法的时间性能。

(7) 在顺序查找中,为了在比较过程中避免数组下标越界,在查找方向的尽头处设置了哨兵,浪费了一个数组单元,但是查找性能提高了一倍。

(8) 在散列技术中,散列表的平均查找长度是装填因子的函数,在很多情况下,散列表的空间都比查找集合大,此时虽然浪费了一定的空间,但换来的是查找效率。

需要说明的是,并不是在所有情况下,时间和空间这两种资源都必须相互竞争,实际上,它们可以联合起来,使得一个算法无论在运行时间上还是消耗的空间上都达到最小化。

7.2.3 平衡二叉树的调整方法

平衡二叉树是在构造二叉排序树的过程中,每当插入一个新结点时,首先检查是否因插入新结点而破坏了二叉排序树的平衡性,若是,则找出其中的最小不平衡子树,在保持二叉排序树特性的前提下,调整最小不平衡子树中各结点之间的链接关系,进行相应的旋转,使之成为新的平衡子树。具体步骤如下:

(1) 每当插入一个新结点,从该结点开始向上计算各结点的平衡因子,即计算该结点的祖先结点的平衡因子,若该结点的祖先结点的平衡因子的绝对值均不超过1,则平衡二叉树没有失去平衡,继续插入结点。

(2) 若插入结点的某祖先结点的平衡因子的绝对值大于1,则找出其中最小不平衡子树的根结点。

(3) 判断新插入的结点与最小不平衡子树的根结点的关系,确定是哪种类型的调整。

(4) 如果是 LL 型或 RR 型,只需应用扁担原理旋转一次,在旋转过程中,如果出现冲突,应用旋转优先原则调整冲突;如果是 LR 型或 LR 型,则需应用扁担原理旋转两次,第一次最小不平衡子树的根结点先不动,调整插入结点所在子树,第二次再调整最小不平衡子树,在旋转过程中,如果出现冲突,应用旋转优先原则调整冲突。

(5) 计算调整后的平衡二叉树中各结点的平衡因子,检验是否因为旋转而破坏其他结点的平衡因子,以及调整后的平衡二叉树中是否存在平衡因子大于1的结点。

设有关键码序列{20, 35, 40, 15, 30, 25, 38},图 7-4 给出了平衡二叉树的构造过程,结点旁边标出的是该结点的平衡因子。

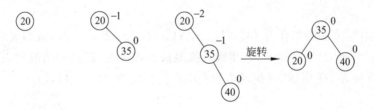

(a) 插入 20 平衡　　(b) 插入 35 平衡　　(c) 插入 40 不平衡,RR 型调整

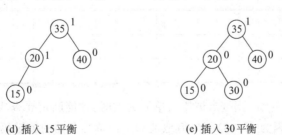

(d) 插入 15 平衡　　　　(e) 插入 30 平衡

图 7-4　平衡二叉树的构造过程示例

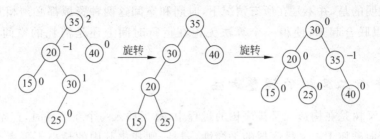

(f) 插入 25 不平衡，LR 型，需旋转两次

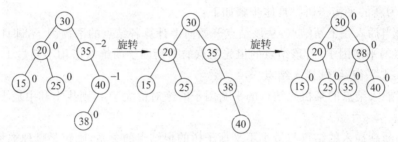

(g) 插入 38 不平衡，RL 型，需旋转两次

图 7-4 （续）

7.2.4 散列查找的性能分析

在散列技术中，处理冲突的方法不同，得到的散列表不同，散列表的查找性能也不同。一些关键码可以通过散列函数计算出的散列地址直接找到，另一些关键码在散列函数计算出的散列地址上产生了冲突，需要按处理冲突的方法进行查找，产生冲突后的查找仍然是给定值与关键码进行比较的过程。所以，对散列表查找效率的度量也采用平均查找长度。

例如，给定关键码集合为 {47，7，29，11，16，92，22，8，3}，散列表的表长为 11，散列函数为 $H(key)=key \bmod 11$，用线性探测法处理冲突，得到的闭散列表以及各关键码的比较次数如表 7-1 所示，查找成功的平均查找长度为 $ASL=(5\times1+3\times2+1\times4)/9=15/9$。

表 7-1 查找成功时各关键码的比较次数

散列地址	0	1	2	3	4	5	6	7	8	9	10
关键码	11	22		47	92	16	3	7	29	8	
比较次数	1	2		1	1	1	4	1	2	2	

在查找不成功的情况下，当被比较单元为空时，才能断定要查找的关键码不存在。例如查找关键码 33，因为 $H(33)=0$，但地址为 0 的单元存储的关键码是 11，比较不等，此时不能断定关键码 33 不存在，向后探测一个单元，地址为 1 的单元存储的关键码是 22，比较不等，再向后探测一个单元，地址为 2 的单元为空，才能断定关键码 33 不存在，与关键

码的比较次数是 2 次。查找不成功时各种情况下的比较次数如表 7-2 所示,查找不成功的平均查找长度为 ASL=(2+1+0+7+6+5+4+3+2+1+0)/11=31/11。

表 7-2 查找不成功时各种情况下的比较次数

散列地址	0	1	2	3	4	5	6	7	8	9	10
比较次数	2	1	0	7	6	5	4	3	2	1	0

对于关键码集合 {47,7,29,11,16,92,22,8,3},散列函数为 $H(key)=key \mod 11$,用拉链法处理冲突,构造的开散列表如图 7-5 所示。

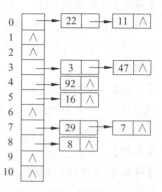

图 7-5 拉链法处理冲突时的散列表

在查找成功的情况下,各关键码的比较次数如表 7-3 所示,查找成功的平均查找长度为 ASL=(6×1+3×2)/9=12/9。

在查找不成功的情况下,当被比较的同义词子表为空时,才能断定要查找的关键码不存在。例如,查找关键码 33,H(33)=0,在地址为 0 的同义词子表中查找,当该链表为空时,才能断定待查关键码 33 不存在,共比较了 2 次。查找不成功时各种情况下的比较次数如表 7-4 所示,查找不成功的平均查找长度为 ASL=(1×3+2×3)/11=9/11。

表 7-3 查找成功时各关键码的比较次数

关键码	47	7	29	11	16	92	22	8	3
比较次数	2	2	1	2	1	1	1	1	1

表 7-4 查找不成功时各种情况下的比较次数

散列地址	0	1	2	3	4	5	6	7	8	9	10
比较次数	2	0	0	2	1	1	0	2	1	0	0

7.3 习题解析

7.3.1 课后习题讲解

1. 填空题

(1) 顺序查找技术适合于存储结构为( )的线性表,而折半查找技术适用于存储结构为( )的线性表,并且表中的元素必须是( )。

【解答】 顺序存储和链接存储,顺序存储,按关键码有序。

(2) 设有一个已按各元素值排好序的线性表,长度为 125,用折半查找与给定值相等的元素,若查找成功,则至少需要比较( )次,至多需比较( )次。

【解答】 1,7。

【分析】 在折半查找判定树中,查找成功的情况下,和根结点的比较次数最少,为1次,最多不超过判定树的深度。

(3) 对于数列{25,30,8,5,1,27,24,10,20,21,9,28,7,13,15},假定每个结点的查找概率相同,若用顺序存储结构组织该数列,则查找一个数的平均比较次数为(　　)。若按二叉排序树组织该数列,则查找一个数的平均比较次数为(　　)。

【解答】 8,59/15。

【分析】 根据数列将二叉排序树画出,将二叉排序树中查找每个结点的比较次数之和除以数列中的元素个数,即为二叉排序树的平均查找长度。

(4) 长度为20的有序表采用折半查找,共有(　　)个元素的查找长度为3。

【解答】 4。

【分析】 在折半查找判定树中,第3层共有4个结点。

(5) 假定一个数列{25,43,62,31,48,56},采用的散列函数为 $H(k)=k \bmod 7$,则元素48的同义词是(　　)。

【解答】 62。

【分析】 $H(48)=H(62)=6$。

(6) 在散列技术中,处理冲突的两种主要方法是(　　)和(　　)。

【解答】 开放定址法,拉链法。

(7) 在各种查找方法中,平均查找长度与结点个数无关的查找方法是(　　)。

【解答】 散列查找。

【分析】 散列表的平均查找长度是装填因子的函数,而不是记录个数 n 的函数。

(8) 与其他方法相比,散列查找法的特点是(　　)。

【解答】 通过关键码计算记录的存储地址并进行一定的比较。

2. 选择题

(1) 静态查找与动态查找的根本区别在于(　　)。
  A. 它们的逻辑结构不一样　　　　B. 施加在其上的操作不同
  C. 所包含的数据元素的类型不一样　　D. 存储实现不一样

【解答】 B。

【分析】 静态查找不涉及插入和删除操作,而动态查找涉及插入和删除操作。

(2) 有一个按元素值排好序的顺序表(长度大于2),分别用顺序查找和折半查找与给定值相等的元素,比较次数分别是 s 和 b,在查找成功的情况下,s 和 b 的关系是(　　);在查找不成功的情况下,s 和 b 的关系是(　　)。
  A. s=b　　　　B. s>b　　　　C. s<b　　　　D. 不一定

【解答】 D,B。

【分析】 此题没有指明是平均性能。例如,在有序表中查找最大元素,则顺序查找比折半查找快,而平均性能折半查找要优于顺序查找。

(3) 长度为12的有序表采用顺序存储结构,采用折半查找技术,在等概率情况下,查找成功时的平均查找长度是(　　),查找失败时的平均查找长度是(　　)。

A. 37/12　　　　B. 62/13　　　　C. 39/12　　　　D. 49/13

【解答】 A,D。

【分析】 画出长度为 12 的折半查找判定树,判定树中有 12 个内结点和 13 个外结点。

(4) 用 n 个键值构造一棵二叉排序树,其最低高度为(　　)。

A. $n/2$　　　　B. n　　　　C. $\lfloor \log_2 n \rfloor$　　　　D. $\lfloor \log_2 n+1 \rfloor$

【解答】 D。

【分析】 二叉排序树的最低高度与完全二叉树的高度相同。

(5) 二叉排序树中,最小值结点的(　　)。

A. 左指针一定为空　　　　　　　　B. 右指针一定为空
C. 左、右指针均为空　　　　　　　D. 左、右指针均不为空

【解答】 A。

【分析】 在二叉排序树中,值最小的结点一定是中序遍历序列中第一个被访问的结点,即二叉树的最左下结点。

(6) 在二叉排序树上查找关键码为 28 的结点(假设存在),则依次比较的关键码有可能是(　　)。

A. 30,36,28　　　　　　　　　　　B. 38,48,28
C. 48,18,38,28　　　　　　　　　　D. 60,30,50,40,38,36

【解答】 C。

【分析】 只有 C 的比较过程有可能构成二叉排序树。以备选答案 A 为例,按照比较序列构成的二叉排序树如图 7-6 所示,显然,这不是一棵二叉排序树。

(7) 在平衡二叉树中插入一个结点后造成了不平衡,设最低的不平衡结点为 A,并已知 A 的左孩子的平衡因子为 0,右孩子的平衡因子为 1,则应作(　　)型调整以使其平衡。

A. LL　　　　B. LR　　　　C. RL　　　　D. RR

【解答】 C。

【分析】 由于 A 的左孩子的平衡因子为 0,右孩子的平衡因子为 1,则新插入的结点一定是插在结点 A 的右孩子的左子树上,这属于 RL 型调整,如图 7-7 所示。

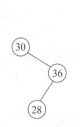

图 7-6　根据比较序列构造二叉排序树

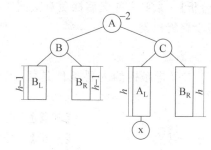

图 7-7　RL 型调整

(8) 按{12,24,36,90,52,30}的顺序构成的平衡二叉树,其根结点是(　　)。

A. 24　　　　B. 36　　　　C. 52　　　　D. 30

【解答】 B。

【分析】 根据元素序列构造平衡二叉树,在插入元素 36 时出现了不平衡,应进行 RR 型调整;在插入元素 52 时出现了不平衡,应进行 RL 型调整;在插入 30 时出现了不平衡,应进行 RL 型调整,构造的平衡二叉树如图 7-8 所示。

图 7-8 构造的平衡二叉树

(9) 散列技术中的冲突指的是( )。
    A. 两个元素具有相同的序号
    B. 两个元素的键值不同,而其他属性相同
    C. 数据元素过多
    D. 不同键值的元素对应于相同的存储地址

【解答】 D。

(10) 设散列表表长 $m=14$,散列函数 $H(k)=k \bmod 11$。表中已有 15,38,61,84 四个元素,如果用线性探测法处理冲突,则元素 49 的存储地址是( )。
    A. 8   B. 3   C. 5   D. 9

【解答】 A。

【分析】 元素 15,38,61,84 分别存储在 4,5,6,7 单元,而元素 49 的散列地址为 5,发生冲突,向后探测 3 个单元,其存储地址为 8。

(11) 在采用线性探测法处理冲突所构成的闭散列表上进行查找,可能要探测多个位置,在查找成功的情况下,所探测的这些位置的键值( )。
    A. 一定都是同义词   B. 一定都不是同义词
    C. 不一定都是同义词   D. 都相同

【解答】 C。

【分析】 采用线性探测法处理冲突会产生堆积,即非同义词争夺同一个后继地址。

(12) 采用开放定址法解决冲突的散列查找中,发生聚集的原因主要是( )。
    A. 数据元素过多   B. 装填因子过大
    C. 散列函数选择不当   D. 解决冲突的算法不好

【解答】 D。

【分析】 主要是冲突后探测算法问题,线性探测法最容易发生聚集,采用二次探测法可以减少聚集现象。

3. 判断题

(1) 二叉排序树的充要条件是任一结点的值均大于其左孩子的值,小于其右孩子的值。

【解答】 错。

【分析】 分析二叉排序树的定义,是左子树上的所有结点的值都小于根结点的值,右子树上的所有结点的值都大于根结点的值。例如,如图 7-9 所示的二叉树满足任一结点的值均大于其左孩子的值,小于其右孩子的值,但不是二叉排序树。

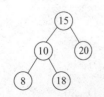

图 7-9 非二叉排序树

(2)二叉排序树的查找和折半查找的时间性能相同。

【解答】 错。

【分析】 二叉排序树的查找性能在最好情况下和折半查找相同。

(3)若二叉排序树中关键码互不相同,则其中最小元素和最大元素一定是叶子结点。

【解答】 错。

【分析】 在二叉排序树中,最小元素所在结点一定是中序遍历序列中第一个被访问的结点,即是二叉树的最左下结点,但可能有右子树。最大元素所在结点一定是中序遍历序列中最后一个被访问的结点,即是二叉树的最右下结点,但可能有左子树。如图 7-10 所示,5 是最小元素,25 是最大元素,但 5 和 25 都不是叶子结点。

图 7-10 二叉排序树

(4)散列技术的查找效率主要取决于散列函数和处理冲突的方法。

【解答】 错。

【分析】 更重要的取决于装填因子,散列表的平均查找长度是装填因子的函数。

(5)当装填因子小于 1 时,向散列表中存储元素时不会引起冲突。

【解答】 错。

【分析】 装填因子越小,只能说明发生冲突的可能性越小。

4. 简答题

(1)分别画出在线性表(a,b,c,d,e,f,g)中进行折半查找关键码 e 和 g 的过程。

【解答】 查找关键码 e 的过程如图 7-11 所示,查找关键码 g 的过程如图 7-12 所示。

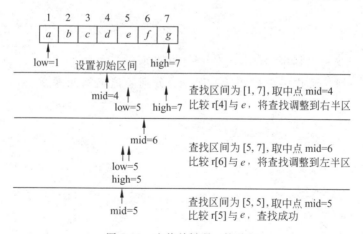

图 7-11 查找关键码 e 的过程

(2)画出长度为 10 的折半查找判定树,并求等概率时查找成功和不成功的平均查找长度。

【解答】 参见 7.2.1 节。

(3)将数列(24,15,38,27,121,76,130)的各元素依次插入一棵初始为空的二叉排序

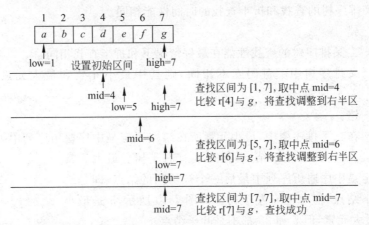

图 7-12　查找关键码 g 的过程

树中，请画出最后的结果并求等概率情况下查找成功的平均查找长度。

【解答】　二叉排序树如图 7-13 所示，其平均查找长度 $=1+2\times2+3\times2+4\times2=19/7$。

（4）一棵二叉排序树的结构如图 7-14 所示，结点的值为 1～8，请标出各结点的值。

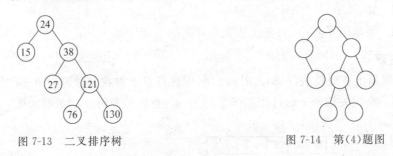

图 7-13　二叉排序树　　　　　　　图 7-14　第(4)题图

【解答】　二叉排序树中各结点的值如图 7-15 所示。

（5）已知一棵二叉排序树如图 7-16 所示，分别画出删除元素 90 和 47 后的二叉排序树。

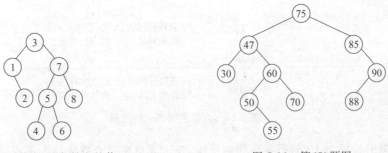

图 7-15　第(4)题各结点的值　　　　图 7-16　第(5)题图

【解答】　删除元素 90 后的二叉排序树如图 7-17(a) 所示，删除元素 47 后的二叉排序树如图 7-17(b) 所示。

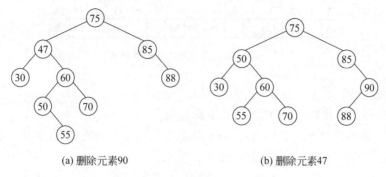

(a) 删除元素90 (b) 删除元素47

图 7-17　删除元素后的二叉排序树

(6) 已知散列函数 $H(k)=k \bmod 12$，键值序列为(25, 37, 52, 43, 84, 99, 120, 15, 26, 11, 70, 82)，采用拉链法处理冲突，试构造开散列表，并计算查找成功的平均查找长度。

【解答】$H(25)=1, H(37)=1, H(52)=4, H(43)=7, H(84)=0, H(99)=3, H(120)=0, H(15)=3, H(26)=2, H(11)=11, H(70)=10, H(82)=10$。

构造的开散列表如图 7-18 所示，平均查找长度为 ASL$=(8\times1+4\times2)/12=16/12$。

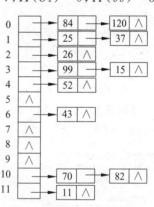

图 7-18　构造的开散列表

(7) 设散列表的表长 $m=15$，散列函数 $H(\text{key})=\text{key} \bmod 13$，关键码集合为{53, 17, 12, 61, 89, 70, 87, 25, 64, 46}，采用二次探测法处理冲突，试构造闭散列表，并计算查找成功的平均查找长度。

【解答】各关键码对应的散列地址和比较次数如表 7-5 所示。注意散列表的长度为 15，在存储 64 时，$H(64)=12$ 发生冲突，第一次探测$(H(64)+1) \bmod 15=13$ 发生冲突，第二次探测$(H(64)-1) \bmod 15 =11$ 发生冲突，第三次探测$(H(64)+4) \bmod 15=1$ 发生冲突，第四次探测$(H(64)-4) \bmod 15=8$，将 64 存入散列表中下标为 8 的位置。

表 7-5　各关键码对应的散列地址和比较次数

关键码	53	17	12	61	89	70	87	25	64	46
散列地址	1	4	12	9	11	5	9,10	12,13	12,13,11,1,8	7
比较次数	1	1	1	1	1	1	2	2	5	1

(8) 给定关键码集合{26, 25, 20, 34, 28, 24, 45, 64, 42}，设定装填因子为 0.6，请给出除留余数法的散列函数，画出采用线性探测法处理冲突构造的散列表。

【解答】根据装填因子的定义，可求出表长为 $9/0.6=15$。

设散列函数为 $H(\text{key})=\text{key} \bmod 13$，构造的散列表如图 7-19 所示。

0	1	2	3	4	5	6	7	8	9	10	11	12	13	14
26		28	42			45	20	34			24	25	64	

图 7-19 装填因子为 0.6 的散列表

5. 算法设计题

（1）设计顺序查找算法，将哨兵设在下标高端。

【解答】 将哨兵设置在下标高端，表示从数组的低端开始查找，在查找不成功的情况下，算法自动在哨兵处终止。具体算法如下：

顺序查找算法 Search

```
int Search(int r[ ], int n, int k)
{
    i = 1; r[n+1] = k;
    while (r[i] != k)
        i++;
    return (i%(n+1));
}
```

（2）编写算法求给定结点在二叉排序树中所在的层数。

【解答】 根据题目要求采用递归方法，从根结点开始查找结点 p，若待查结点是根结点，则深度为 1，否则到左子树（或右子树）上去找，查找深度加 1。具体算法如下：

结点在二叉排序树的层数算法 Level

```
int Level(BiNode * root, BiNode * p)                //BiNode 请参见二查排序树的结点结构
{
    if (p == NULL) return 0;
    if (p == root) return 1;
    else if (p->data < root->data) return Level(root->lchild, p) + 1;
        else return Level(root->rchild, p) + 1;
}
```

（3）编写算法，在二叉排序树上找出任意两个不同结点的最近公共祖先。

【解答】 设两个结点分别为 A 和 B，根据题目要求分下面情况讨论：
① 若 A 为根结点，则 A 为公共祖先；
② 若 A->data<root->data 且 root->data<B->data，root 为公共祖先；
③ 若 A->data<root->data 且 B->data<root->data，则到左子树查找；
④ 若 A->data>root->data 且 B->data>root->data，则到右子树查找。
具体算法如下：

求公共祖先算法 Ancestor

```
BiNode * Ancestor(BiNode * A, BiNode * B, BiNode * root)
{
    if (root == NULL) return NULL;
    else if ((A->data<root->data)&&(root->data<B->data)||(A->data == root->data))
            return root;
        else if ((A->data > root->data)&&(B->data > root->data))
                return Ancestor (A, B, root->rchild);
            else return Ancestor (A, B, root->lchild);
}
```

(4) 设计算法判定一棵二叉树是否为二叉排序树。

【解答】 对二叉排序树来讲,其中序遍历序列为一个递增序列。因此,对给定二叉树进行中序遍历,如果始终能够保证前一个值比后一个值小,则说明该二叉树是二叉排序树。

具体算法如下:

判断是否为二叉排序树算法 SortBiTree

```
int SortBiTree(BiNode * root)              //pre 记录当前结点的前驱结点值,初值为 -∞
{
    if (root == NULL) return 1;
    else {
        b1 = SortBiTree(root->lchild);
        if (!b1||pre> = root->data) return 0;
        pre = root->data;
        b2 = SortBiTree(root->rchild);
        return b2;
    }
}
```

(5) 在用线性探测解决冲突的散列表中,设计算法实现闭散列表的删除操作。

【分析】 删除某个关键码时需要保证探测序列不致于断开,使得后序查找能够进行。为此,可以在删除值为 x 的关键码时,用一个特殊符号(例如'#')代替,在查找时遇到这个特殊符号则继续执行探测操作,然后再统一将所有特殊符号删除。

【解答】 设散列表为 $ht[m]$,删除值为 x 的记录,删除算法如下:

闭散列表的删除算法 HashDelete

```
void HashDelete(int ht[ ], int m, int x)
{
    j = H(x);
    if (ht[j] != x) {
        i = (j + 1) % m;
```

```
        while (ht[i] != Empty && i != j)
        {
            if (ht[i] == x) {                    //发生冲突,比较若干次查找成功
                j = i; break;
            }
            else i = (i+1)%m;                    //向后探测一个位置
        }
        if (i == j) printf("查找失败,不存在值为 x 的记录");
        else ht[j] = '#';                        //查找成功,记录 x 的散列地址是 j
}
```

7.3.2 学习自测题及答案

1. 单项选择题

(1) 已知一个有序表为(12,18,24,35,47,50,62,83,90,115,134),当折半查找值为 90 的元素时,经过(　　)次比较后查找成功。
　　A. 2　　　　B. 3　　　　C. 4　　　　D. 5
【解答】A。

(2) 已知 10 个元素(54,28,16,73,62,95,60,26,43),按照依次插入的方法生成一棵二叉排序树,查找值为 62 的结点所需比较次数为(　　)。
　　A. 2　　　　B. 3　　　　C. 4　　　　D. 5
【解答】B。

(3) 已知数据元素为(34,76,45,18,26,54,92,65),按照依次插入结点的方法生成一棵二叉排序树,则该树的深度为(　　)。
　　A. 4　　　　B. 5　　　　C. 6　　　　D. 7
【解答】B。

(4) 按(　　)遍历二叉排序树得到的序列是一个有序序列。
　　A. 前序　　　B. 中序　　　C. 后序　　　D. 层次
【解答】B。

(5) 一棵高度为 h 的平衡二叉树,最少含有(　　)个结点。
　　A. 2^h　　　B. 2^h-1　　　C. 2^h+1　　　D. 2^{h-1}
【解答】D。

(6) 在散列函数 $H(k)=k \bmod m$ 中,一般来讲,m 应取(　　)。
　　A. 奇数　　　B. 偶数　　　C. 素数　　　D. 充分大的数
【解答】C。

2. 简答题

(1) 将二叉排序树 T 按前序遍历序列依次插入初始为空的二叉排序树 T' 中,则 T 与 T' 是相同的,这种说法是否正确?

【解答】 正确。

（2）已知关键码序列为（Jan，Feb，Mar，Apr，May，Jun，Jul，Aug，Sep，Oct，Nov，Dec），散列表的地址空间为 0～16，设散列函数为 $H(x)=\lfloor i/2 \rfloor$，其中 i 为关键码中第一个字母在字母表中的序号，采用线性探测法和链地址法处理冲突，试分别构造散列表，并求等概率情况下查找成功的平均查找长度。

【解答】 $H(\text{Jan})=10/2=5, H(\text{Feb})=6/2=3, H(\text{Mar})=13/2=6, H(\text{Apr})=1/2=0$
$H(\text{May})=13/2=6, H(\text{Jun})=10/2=5, H(\text{Jul})=10/2=5, H(\text{Aug})=1/2=0$
$H(\text{Sep})=19/2=8, H(\text{Oct})=15/2=7, H(\text{Nov})=14/2=7, H(\text{Dec})=4/2=2$

采用线性探测法处理冲突，得到的闭散列表如图 7-20 所示，查找成功的平均查找长度＝(1＋1＋1＋1＋2＋4＋5＋2＋3＋5＋6＋1)/12＝32/12。

0	1	2	3	4	5	6	7	8	9	10	11	12	13	14	15	16
Apr	Aug	Dec	Feb		Jan	Mar	May	Jun	Jul	Sep	Oct	Nov				

图 7-20 采用线性探测法处理冲突得到的闭散列表

采用链地址法处理冲突，得到的开散列表如图 7-21 所示，查找成功的平均查找长度＝(1×7＋2×4＋3×1)/12＝18/12。

（3）试推导含有 12 个结点的平衡二叉树的最大深度，并画出一棵这样的树。

【解答】 令 F_k 表示含有最少结点的深度为 k 的平衡二叉树的结点树目，则：
$$F_1=1, F_2=2, \cdots, F_n=F_{n-2}+F_{n-1}+1$$
含有 12 个结点的平衡二叉树的最大深度为 5，如图 7-22 所示。

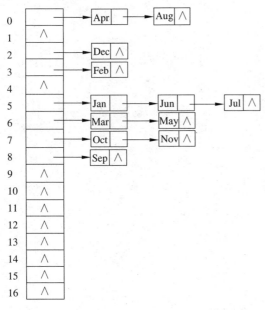

图 7-21 采用链地址法处理冲突得到的开散列表

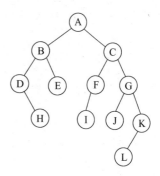

图 7-22 平衡二叉树

第 8 章 排序技术

8.1 本章导学

1. 知识结构图

本章的知识结构如图 8-1 所示。

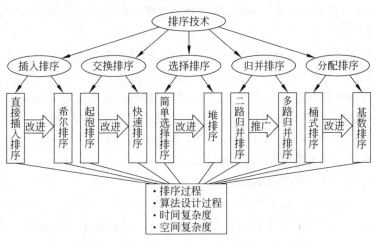

图 8-1 第 8 章知识结构图

2. 学习要点

本章主要学习五类内排序方法,注意每类排序方法的特点。插入排序是将记录插入到已排序序列的正确位置上;交换排序是将两个记录进行比较,当反序时交换;选择排序是从未排序序列中选出最小记录放入已排序序列的一端;归并排序是将有序序列进行合并;分配排序先将待排序记录序列分配到不同的桶里,然后再把各桶中的记录依次收集到一起。

本章按照"提出问题→运行实例→分析问题→解决问题→算法设计→算法分析"的模式介绍每种排序算法,通过分析简单排序方法(直接插入排序、起泡排序、简单选择排序、桶式排序等)的缺点以及产生缺点的原因,引入改进的排序方法(希尔排序、快速排序、堆排序、基数排序等)。

学习完各类排序方法后,对它们进行综合对比,从而得出自己的看法,在实际中应用排序算法时,就可以选取合适的排序方法;对改进的算法,分析其改进的着眼点是什么,自己能否从某一个方面改进一个排序算法;学习各种排序算法的设计思想,并能应用排序算法的设计思想解决和排序相关的问题。

3. 重点整理

(1) 排序是将一个记录的任意序列重新排列成一个按键值有序的序列。

(2) 假定在待排序的记录序列中,存在多个具有相同键值的记录,若经过排序,这些记录的相对次序保持不变,即在原序列中,$k_i=k_j$,且 r_i 在 r_j 之前,而在排序后的序列中,r_i 仍在 r_j 之前,则称这种排序算法是稳定的;否则称为不稳定的。

(3) 基于比较的内排序,在排序过程中通常需要进行两种基本操作:

① 比较:关键码之间的比较;

② 移动:记录从一个位置移动到另一个位置。

(4) 直接插入排序的基本思想是:依次将待排序序列中的每一个记录插入到一个已排好序的序列中,直到全部记录都排好序。在最好情况下,待排序序列为正序,时间复杂度为 $O(n)$;在最坏情况下,待排序序列为逆序,时间复杂度为 $O(n^2)$;平均情况下,时间复杂度为 $O(n^2)$。

(5) 希尔排序是对直接插入排序的改进,其基本思想是:先将整个待排序记录序列分割成若干个子序列,在子序列内分别进行直接插入排序,待整个序列中的记录基本有序时,再对全体记录进行一次直接插入排序。其时间复杂度是 $O(n\log_2 n) \sim O(n^2)$。

(6) 起泡排序的基本思想是:两两比较相邻记录的关键码,如果反序则交换,直到没有反序的记录为止。在最好情况下,待排序序列为正序,时间复杂度为 $O(n)$;在最坏情况下,待排序序列为逆序,时间复杂度为 $O(n^2)$;平均情况下,时间复杂度为 $O(n^2)$。

(7) 快速排序是对起泡排序的改进,其基本思想是:首先选一个轴值,将待排序记录分割成独立的两部分,左侧记录的关键码均小于或等于轴值,右侧记录的关键码均大于或等于轴值,然后分别对这两部分重复上述过程,直到整个序列有序。在最好情况下,每次划分轴值的左侧子序列与右侧子序列的长度相同,时间复杂度为 $O(n\log_2 n)$;在最坏情况下,待排序序列为正序或逆序,时间复杂度为 $O(n^2)$;平均情况下,时间复杂度为 $O(n\log_2 n)$。

(8) 简单选择排序的基本思想是:第 i 趟通过 $n-i$ 次关键码的比较,在 $n-i+1(1\leqslant i \leqslant n-1)$ 个记录中选取关键码最小的记录,并和第 i 个记录交换作为有序序列的第 i 个记录。最好、最坏、平均的时间复杂度都是 $O(n^2)$。

(9) 堆排序是对简单选择排序的改进,其基本思想是:首先将待排序的记录序列构造成一个堆,此时,选出了堆中所有记录的最大者即堆顶记录,然后将它从堆中移走,并将剩余的记录再调整成堆,这样又找出了次大的记录,依此类推,直到堆中只有一个记录为止。最好、最坏、平均的时间复杂度都是 $O(n\log_2 n)$。

(10) 二路归并排序的基本思想是:将若干个有序序列进行两两归并,直至所有待排序记录都在一个有序序列为止。最好、最坏、平均的时间复杂度都是 $O(n\log_2 n)$。

(11) 桶式排序的基本思想是:假设待排序记录的值都在 $0 \sim m-1$ 之间,设置 m 个桶,

首先将值为 i 的记录分配到第 i 个桶中,然后再将各个桶中的记录依次收集起来。桶式排序的时间复杂度为 $O(n+m)$,空间复杂度是 $O(m)$,用来存储 m 个静态队列表示的桶。

(12) 对多关键码进行排序可以有两种基本的方法:最主位优先 MSD 和最次位优先 LSD。

(13) 基数排序的基本思想是:将关键码看成由若干个子关键码复合而成,然后借助分配和收集操作采用 LSD 方法进行排序。假设待排序记录的关键码由 d 个子关键码复合而成,每个子关键码的取值范围为 m 个,则基数排序的时间复杂度为 $O(d(n+m))$,空间复杂度为 $O(m)$,用来存放 m 个队列。

(14) 直接插入排序、起泡排序和归并排序是稳定的排序方法;希尔排序、快速排序、简单选择排序和堆排序是不稳定的排序方法。

8.2 重点难点释疑

8.2.1 排序算法的稳定性

假定在待排序的记录序列中,存在多个具有相同键值的记录,若经过排序,这些记录的相对次序保持不变,即在原序列中,$k_i=k_j$,且 r_i 在 r_j 之前,而在排序后的序列中,r_i 仍在 r_j 之前,则称这种排序算法是稳定的;否则称为不稳定的。

对于不稳定的排序算法,只要举出一个实例,即可说明它的不稳定性;而对于稳定的排序算法,必须对算法进行分析从而得到稳定的特性。需要注意的是,排序算法是否为稳定的是由具体算法决定的,不稳定的算法在某种条件下可以变为稳定的算法,而稳定的算法在某种条件下也可以变为不稳定的算法。

例如,对于如下起泡排序算法,原本是稳定的排序算法,如果将记录交换的条件改成 r[j]>=r[j+1],则两个相等的记录就会交换位置,从而变成不稳定的算法。

```
void BubbleSort(int r[],int n)
{
  exchange = n;                    //第一趟起泡排序的范围是 r[1]到 r[n]
  while(exchange != 0)             //仅当上一趟排序有记录交换才进行本趟排序
  {
    bound = exchange;   exchange = 0;
    for(j = 1;j < bound;j ++)      //一趟起泡排序
      if(r[j] > r[j+1]){
        r[j]←→r[j+1];
        exchange = j;              //记录每一次发生记录交换的位置
      }
  }
}
```

快速排序原本是不稳定的排序方法,但若待排序记录中只有一组具有相同关键码的记录,而选择的轴值恰好是这组相同关键码中的一个,此时的快速排序就是稳定的。

8.2.2 如何将排序算法移植到单链表上

从操作角度来看,排序是线性结构的一种操作,待排序记录可以用顺序存储结构或链接存储结构存储。主教材中所有的排序算法都是建立在顺序表(即数组)上的,那么在单链表上如何实现这些排序算法呢?

首先,要充分领会顺序表下排序算法的基本思想和执行过程,其次,要熟悉单链表存储结构及其操作特点,就可以实现基于顺序表的排序算法到单链表的移植。下面以简单选择排序算法为例说明。

算法 设待排序的记录序列用单链表作存储结构,头指针为 head,试编写简单选择排序算法。

分析:在找到最小元素后,将最小元素与无序序列的第一个元素相交换,而不交换结点,这样可以避免指针的修改,如图 8-2 所示。算法如下:

基于链表的简单选择排序算法 SelectSort
```
void SelectSort(Node * head)
{
  p = head->next;
  while(p != NULL)                //p 指向无序序列的一端,即找到最小元素后交换到此
  {
    s = p; q = p->next;           //s 指向最小值结点
    while(q != NULL)
    {
      if(q->data < s->data)  s = q;
      q = q->next;
    }
    if(p != s)   p->data <-> s->data;   //交换内容但不交换指针
    p = p->next;
  }
}
```

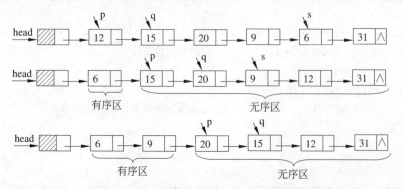

图 8-2 在单链表中实现简单选择排序

8.2.3 二叉排序树与堆的区别

在二叉排序树中,每个结点的值均大于其左子树上所有结点的值,小于其右子树上所有结点的值,对二叉排序树进行中序遍历得到一个有序序列。所以,二叉排序树是结点之间满足一定次序关系的二叉树;堆是一个完全二叉树,并且每个结点的值都大于或等于其左右孩子结点的值(这里的讨论以大根堆为例),所以,堆是结点之间满足一定次序关系的完全二叉树。

具有 n 个结点的二叉排序树,其深度取决于给定集合的初始排列顺序,最好情况下,其深度为 $\lfloor \log_2 n \rfloor + 1$,最坏情况下,其深度为 n;具有 n 个结点的堆,其深度即为堆所对应的完全二叉树的深度,为 $\lfloor \log_2 n \rfloor + 1$。

在二叉排序树中,某结点的右孩子结点的值一定大于该结点的左孩子结点的值;在堆中却不一定,堆只是限定了某结点的值大于(或小于)其左右孩子结点的值,但没有限定左右孩子结点之间的大小关系,如图 8-3 所示。

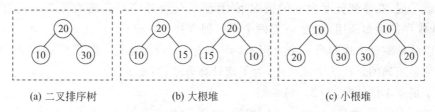

(a) 二叉排序树   (b) 大根堆   (c) 小根堆

图 8-3　二叉排序树与堆中孩子结点之间的关系示例

在二叉排序树中,最小值结点是最左下结点,其左指针为空;最大值结点是最右下结点,其右指针为空,如图 8-4 所示。在大根堆中,最小值结点位于某个叶子结点,而最大值结点是大根堆的堆顶(即根结点)。

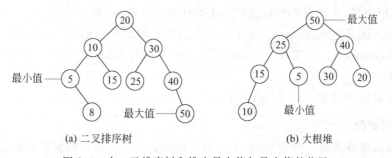

(a) 二叉排序树   (b) 大根堆

图 8-4　在二叉排序树和堆中最大值与最小值的位置

二叉排序树是为了实现动态查找而设计的数据结构,它是面向查找操作的,在二叉排序树中查找一个结点的平均时间复杂度是 $O(\log_2 n)$;堆是为了实现排序而设计的一种数据结构,它不是面向查找操作的,因而在堆中查找一个结点需要进行遍历,其平均时间复杂度是 $O(n)$。

8.2.4 递归算法的时间性能分析

递归算法的时间性能的分析有时会很难,下面介绍几种方法。

1. 估计上下限

第一种方法是猜测上下限,然后试着证明它正确。如果给出了一个正确的上下限估计,经过归纳证明就可以验证事实。如果证明成功,那么就试着收缩上下限。如果证明失败,那么就放松限制再试着证明。一旦上下限符合要求就可以结束了。当只查找近似复杂度时这是一种很有用的技术。

例 8-1 使用猜测技术分析二路归并排序的时间复杂度。

二路归并排序是将一个长度为 n 的记录序列分成两部分,对每一部分完成归并排序,最后在第 n 步把两个子序列合并到一起。其运行时间用下面的递归函数描述:

$$\begin{cases} T(n)=2T(n/2)+n & n>2 \\ T(2)=1 & n=2 \end{cases}$$

也就是说,在序列长度为 n 的情况下,算法的代价是序列长度为 $n/2$ 时代价的两倍(对归并排序的递归调用)加上 n(把两个子序列合并在一起)。

可以从猜测这个递归有一个上限 $O(n^2)$ 开始,更确切地说,假定 $T(n) \leqslant n^2$。并证明这个猜测是正确的。在这个证明中,为了使计算方便,假定 $n=2^k$。

对于最基本的情况,$T(2)=1 \leqslant 2^2$。

对于所有 $i \leqslant n$ 并且 $n=2^k$,$1 \leqslant k$,假设 $T(i) \leqslant i^2$,而

$$T(2n)=2T(n)+2n \leqslant 2n^2+2n \leqslant 4n^2 \leqslant (2n)^2$$

这样就证明了 $T(n)=O(n^2)$。

$O(n^2)$ 是一个好的估计(即最小上限)吗? 在倒数第二步,从 $2n^2+2n$ 到达更大的 $4n^2$,这表明 $O(n^2)$ 是一个很高的估计。如果我们的猜测更小一些,例如对于某个常数 c,$T(n) \leqslant cn$,很明显,这样做不行。这样真正的代价一定在 cn 和 n^2 之间。

现在试一试 $T(n) \leqslant n\log_2 n$。对于最基本的情况,$T(2)=1 \leqslant (2\log_2 2)=2$。

假定 $T(n) \leqslant n\log_2 n$,那么,$T(2n) \leqslant 2T(n)+2n \leqslant 2n\log_2 n+2n \leqslant 2n(\log_2 n+1) \leqslant 2n\log_2(2n)$。

这就是要证明的 $T(n)=O(n\log_2 n)$。

2. 扩展递归

如果只需要答案的一个近似解,上下限估计是有效的。要找到精确的答案,就需要更精确的技术。其中一种技术就是扩展递归。在这种方法中,方程右边较小的项被依次根据定义代替,这就是扩展步。这些项被再次扩展,依此类推,直到没有递归结果的一个完整系列,这样就会得到一个求和问题,然后就可以借助于求和技术了。

例 8-2 分析下面递归关系式的时间性能。

$$\begin{cases} T(n)=2T(n/2)+5n & n>1 \\ T(1)=7 & n=1 \end{cases}$$

为了简单起见,假定 $n=2^k$。递归关系可以像下面这样扩展:

$$T(n) = 2T\left(\frac{n}{2}\right) + 5n^2$$
$$= 2\left(2T\left(\frac{n}{4}\right) + 5\left(\frac{n}{2}\right)^2\right) + 5n^2$$
$$= 2\left(2\left(2T\left(\frac{n}{8}\right) + 5\left(\frac{n}{4}\right)^2\right) + 5\left(\frac{n}{2}\right)^2\right) + 5n^2$$
$$= 2^k T(1) + 2^{k-1} 5\left(\frac{n}{2^{k-1}}\right)^2 + \cdots + 2*5\left(\frac{n}{2}\right)^2 + 5n^2$$

最后这个表达式可以使用如下的求和表示：

$$T(n) = 7n + 5\sum_{i=0}^{k-1}\frac{n^2}{2^i}$$
$$= 7n + 5n^2 \sum_{i=0}^{k-1}\frac{1}{2^i}$$
$$= 7n + 5n^2\left(2 - \frac{1}{2^{k-1}}\right)$$
$$= 7n + 5n^2\left(2 - \frac{n}{2}\right)$$
$$= 10n^2 - 3n$$

这就是上述递归关系的精确解答。

3. 分治法递归

解决递归的第三种方法是对于某类问题利用分治法。这类问题具有的形式是：$T(n) = aT(n/b) + cn^k$；$T(1) = c$。其中 a, b, c, k 都是常数。

一般来说，这个递归描述了大小为 n 的问题分成 a 个大小为 n/b 的子问题，而 cn^k 是合并各个部分解答需要的工作量。使用扩展递归的方法对分治法递归推导出一般形式的解法，假定 $n = b^m$。

$$T(n) = a\left(a\left(T\left(\frac{n}{b^2}\right) + c\left(\frac{n}{b}\right)^k\right)\right) + cn^k$$
$$= a^m T(1) + a^{m-1} c\left(\frac{n}{b^{m-1}}\right)^k + \cdots + ac\left(\frac{n}{b}\right)^k + cn^k$$
$$= c\sum_{i=0}^{m} a^{m-i} b^{ik} = ca^m \sum_{i=0}^{m}\left(\frac{b^k}{a}\right)^i$$

并且

$$a^m = a^{\log_b n} = n^{\log_b a}$$

这个求和是一个几何级数，它的求和依赖于比率 $r = \frac{b^k}{a}$。有三种情况：

(1) $r < 1$：此时 $\sum_{i=0}^{m} r^i < \frac{1}{1-r}$，这样 $T(n) = \sum_{i=0}^{m} a^m = \sum_{i=0}^{m} n^{\log_b a}$。

(2) $r = 1$：此时 $\sum_{i=0}^{m} r = m + 1 = \log_b n + 1$，由于 $a^m = n^{\log_b a} = n^k$，所以 $T(n) = O(n^k \log n)$。

(3) $r>1$：此时 $\sum_{i=0}^{m} r^i = \frac{r^{m+1}-1}{r-1} = O(r^m)$，$T(n) = O(a^m r^m) = O\left(a^m \left(\frac{b^k}{a}\right)^m\right) = O(b^{km}) = O(n^k)$。

上面的推导概括为下面的定理：

$$T(n) = \begin{cases} O(n\log_b a) & a>b^k \\ O(n^k \log n) & a=b^k \\ O(n^k) & a<b^k \end{cases}$$

例如，快速排序的平均情况分析具有如下递归关系：

$$T(n) = \frac{2}{n}\sum_{k=1}^{n-1} T(k) + cn$$

cn 为对 n 个记录进行一趟快速排序的时间，它和记录数 n 成正比，$T(k)$ 为对第 k 个元素进行快速排序的时间。把两边都乘以 n，然后从 $(n+1)T(n+1)$ 中减去 $nT(n)$：

$$nT(n) = cn^2 + 2\sum_{k=0}^{n-1} T(k)$$

$$(n+1)T(n+1) = c(n+1)2 + 2\sum_{k=1}^{n} T(k)$$

$$(n+1)T(n+1) - nT(n) = c(n+1)^2 - cn^2 + 2T(n)$$

$$T(n+1) = c\frac{2n+1}{n+1} + \frac{n+2}{n+1}T(n)$$

设 $c1 = c\frac{2n+1}{n+1}$，扩展递归关系，得到：

$$\begin{aligned}
T(n+1) &= c1 + \frac{n+2}{n+1}T(n) \\
&= c1 + \frac{n+2}{n+1}\left(c1 + \frac{n+1}{n}T(n-1)\right) \\
&= c1 + \frac{n+2}{n+1}\left(c1 + \cdots + \frac{4}{3}\left(c1 + \frac{3}{2}T(1)\right)\right) \\
&= c1\left(1 + (n+2)\left(\frac{1}{n+1} + \frac{1}{n} + \cdots + \frac{1}{2}\right)\right) \\
&= c1 + c1(n+2)(H_{n+1} - 1)
\end{aligned}$$

其中，H_{n+1} 是调和级数，因此 $H_{n+1} = O(\log_2 n)$，而这个求和是 $O(n\log_2 n)$。

8.3 习题解析

8.3.1 课后习题讲解

1. 填空题

(1) 排序的主要目的是为了以后对已排序的数据元素进行(　　)。

【解答】 查找。

【分析】 对已排序的记录序列进行查找通常能提高查找效率。

(2) 对 n 个元素进行起泡排序,在( )情况下比较次数最少,其比较次数为( )。在( )情况下比较次数最多,其比较次数为( )。

【解答】 正序,$n-1$,反序,$n(n-1)/2$。

(3) 对一组记录(54,38,96,23,15,72,60,45,83)进行直接插入排序,当把第 7 个记录 60 插入到有序表时,为寻找插入位置需比较( )次。

【解答】 3。

【分析】 当把第 7 个记录 60 插入到有序表时,该有序表中有 2 个记录大于 60。

(4) 对一组记录(54,38,96,23,15,72,60,45,83)进行快速排序,在递归调用中使用的栈所能达到的最大深度为( )。

【解答】 3。

(5) 对 n 个待排序记录序列进行快速排序,所需要的最好时间是( ),最坏时间是( )。

【解答】 $O(n\log_2 n)$,$O(n^2)$。

(6) 利用简单选择排序对 n 个记录进行排序,最坏情况下,记录交换的次数为( )。

【解答】 $n-1$。

(7) 如果要将序列(50,16,23,68,94,70,73)建成堆,只需把 16 与( )交换。

【解答】 50。

(8) 对于键值序列(12,13,11,18,60,15,7,18,25,100),用筛选法建堆,必须从键值为( )的结点开始。

【解答】 60。

【分析】 60 是该键值序列对应的完全二叉树中最后一个分支结点。

2. 单项选择题

(1) 一个待排序的 n 个记录可分为 n/k 组,每组包含 k 个记录,且任一组内的各记录分别大于前一组内的所有记录且小于后一组内的所有记录,若采用基于比较的排序方法,其时间下界为( )。

    A. $O(k\log_2 k)$ B. $O(k\log_2 n)$ C. $O(n\log_2 k)$ D. $O(n\log_2 n)$

【解答】 C。

【分析】 由题意知,只需对每一组记录序列单独排序。对于具有 k 个记录的序列进行基于比较的排序,其时间下界为 $O(k\log_2 k)$,共 n/k 组,因此,总的时间下界为 $O(n/k * k\log_2 k) = O(n\log_2 k)$。

(2) 数据序列{8,9,10,4,5,6,20,1,2}只能是( )的两趟排序后的结果。

    A. 选择排序   B. 冒泡排序   C. 插入排序   D. 堆排序

【解答】 C。

【分析】 执行两趟选择排序后,结果应该是{1,2,…};执行两趟冒泡排序后(假设扫描是从前向后),结果应该是{…,10,20};执行两趟堆排序后,若采用大根堆,则结果应该是{…,10,20},若采用的是小根堆,则结果应该是{…,2,1};执行两趟插入排序后,待排序序列中的前三个关键码有序。

(3) 下述排序方法中,时间性能与待排序记录的初始状态无关的是( )。

    A. 插入排序和快速排序   B. 归并排序和快速排序

    C. 选择排序和归并排序   D. 插入排序和归并排序

【解答】 C。

【分析】 选择排序在最好、最坏、平均情况下的时间性能均为 $O(n^2)$,归并排序在最好、最坏、平均情况下的时间性能均为 $O(n\log_2 n)$。

(4) 下列排序算法中,( )可能会出现下面情况:在最后一趟开始之前,所有元素都不在最终位置上。

    A. 起泡排序   B. 插入排序   C. 快速排序   D. 堆排序

【解答】 B。

【分析】 对于插入排序,若最后插入的元素是记录序列中的最小值,则在最后一趟开始之前,所有元素都不在最终位置上。

(5) 下列序列中,( )是执行第一趟快速排序的结果。

    A. [da,ax,eb,de,bb] ff [ha,gc]   B. [cd,eb,ax,da] ff [ha,gc,bb]

    C. [gc,ax,eb,cd,bb] ff [da,ha]   D. [ax,bb,cd,da] ff [eb,gc,ha]

【解答】 A。

【分析】 此题需要按字典序比较,前半区间中的所有元素都应小于 ff,后半区间中的所有元素都应大于 ff。

(6) 对以下数据序列利用快速排序进行排序,速度最快的是( )。

    A. {21,25,5,17,9,23,30}   B. {25,23,30,17,21,5,9}

    C. {21,9,17,30,25,23,5}   D. {5,9,17,21,23,25,30}

【解答】 A。

【分析】 这 7 个数据的中值是 21,因此第一次划分以 21 为轴值,考虑备选答案 A 和 C。对于备选答案 A,一次划分的结果是{9,17,5,21,25,23,30},则第二层分别以 9 和 25 进行划分,9 是 21 前面 3 个数据的中值,25 是 21 后面 3 个数据的中值。对于备选答案 C,一次划分的结果是{5,9,17,21,25,23,31},则第二层分别以 5 和 25 为轴值进行划分,但 5 不是 21 前面 3 个数据的中值。

(7) 对初始状态为递增有序的序列进行排序,最省时间的是( ),最费时间的是( )。已知待排序序列中每个元素距其最终位置不远,则采用( )方法最节省时间。

    A. 堆排序   B. 插入排序   C. 快速排序   D. 直接选择排序

【解答】 B,C,B。

【分析】 待排序序列中每个元素距其最终位置不远意味着该序列基本有序。

(8) 堆的形状是一棵( )。

    A. 二叉排序树   B. 满二叉树   C. 完全二叉树   D. 判定树

【解答】 C。

【分析】 从逻辑结构的角度来看,堆实际上是一种完全二叉树的结构。

(9) 对关键码序列{23,17,72,60,25,8,68,71,52}进行堆排序,输出两个最小关键码后的剩余堆是(   )。

　　A. {23,72,60,25,68,71,52}　　　　B. {23,25,52,60,71,72,68}
　　C. {71,25,23,52,60,72,68}　　　　D. {23,25,68,52,60,72,71}

【解答】 D。

【分析】 筛选法初始建堆为{8,17,23,52,25,72,68,71,60},输出 8 重建堆为{17,25,23,52,60,72,68,71},输出 17 重建堆为{23,25,68,52,60,72,71}。

(10) 当待排序序列基本有序或个数较小的情况下,最佳的内部排序方法是(   ),就平均时间而言,(   )最佳。

　　A. 直接插入排序　　B. 起泡排序　　C. 简单选择排序　　D. 快速排序

【解答】 A,D。

(11) 设有 5000 个元素,希望用最快的速度挑选出前 10 个最大的,采用(   )方法最好。

　　A. 快速排序　　B. 堆排序　　C. 希尔排序　　D. 归并排序

【解答】 B。

【分析】 堆排序不必将整个序列排序即可确定前若干个最大(或最小)元素。

(12) 设要将序列(Q,H,C,Y,P,A,M,S,R,D,F,X)中的关键码按升序排列,则(   )是起泡排序一趟扫描的结果,(   )是增量为 4 的希尔排序一趟扫描的结果,(   )是二路归并排序一趟扫描的结果,(   )是以第一个元素为轴值的快速排序一趟扫描的结果,(   )是堆排序初始建堆的结果。

　　A. (F,H,C,D,P,A,M,Q,R,S,Y,X)
　　B. (P,A,C,S,Q,D,F,X,R,H,M,Y)
　　C. (A,D,C,R,F,Q,M,S,Y,P,H,X)
　　D. (H,C,Q,P,A,M,S,R,D,F,X,Y)
　　E. (H,Q,C,Y,A,P,M,S,D,R,F,X)

【解答】 D,B,E,A,C。

【分析】 此题需要按字典序比较,并且需要掌握各种排序方法的执行过程。

(13) 排序的方法有很多种,(   )法从未排序序列中依次取出元素,与已排序序列中的元素作比较,将其放入已排序序列的正确位置上。(   )法从未排序序列中挑选元素,并将其依次放入已排序序列的一端。交换排序是对序列中元素进行一系列比较,当被比较的两元素为逆序时,进行交换;(   )和(   )是基于这类方法的两种排序方法,而(   )是比(   )效率更高的方法;(   )法是基于选择排序的一种方法,是完全二叉树结构的一个重要应用。

　　A. 选择排序　　　B. 快速排序　　　C. 插入排序
　　D. 起泡排序　　　E. 归并排序　　　F. 堆排序

【解答】 C,A,D,B,B,D,F。

(14) 快速排序在(   )情况下最不利于发挥其长处。

　　A. 待排序的数据量太大　　　　B. 待排序的数据中含有多个相同值

C. 待排序的数据已基本有序   D. 待排序的数据数量为奇数

【解答】 C。

【分析】 快速排序等改进的排序方法均适用于待排序数据量较大的情况,各种排序方法对待排序的数据中是否含有多个相同值,待排序的数据数量为奇数或偶数都没有影响。

(15)( )方法是从未排序序列中挑选元素,并将其放入已排序序列的一端。

A. 归并排序   B. 插入排序   C. 快速排序   D. 选择排序

【解答】 D。

3. 判断题

(1) 如果某种排序算法是不稳定的,则该排序方法没有实际应用价值。

【解答】 错。

【分析】 一种排序算法适合于某种特定的数据环境,有时对排序的稳定性没有要求。

(2) 当待排序的元素很大时,为了交换元素的位置,移动元素要占用较多的时间,这是影响时间复杂性的主要因素。

【解答】 对。

【分析】 此时着重考虑元素的移动次数。

(3) 对 n 个记录的集合进行快速排序,所需要的附加空间是 $O(n)$。

【解答】 错。

【分析】 最坏情况下是 $O(n)$。

(4) 堆排序所需的时间与待排序的记录个数无关。

【解答】 错。

【分析】 堆排序最好、最坏及平均时间均为 $O(n\log_2 n)$,是待排序的记录个数 n 的函数。一般来说,待排序的记录个数越多,排序所消耗的时间也就越多。

(5) 设有键值序列 $(k_1, k_2, \cdots, k_n)$,当 $i > n/2$ 时,任何一个子序列 $(k_i, k_{i+1}, \cdots, k_n)$ 一定是堆。

【解答】 对。

【分析】 当 $i > n/2$ 时,$k_i, k_{i+1}, \cdots, k_n$ 均是叶子结点,所以一定是堆。

4. 简答题

(1) 证明:对于 n 个记录的任意序列进行基于比较的排序,至少需要进行 $n\log_2 n$ 次比较。

【解答】 可以把排序算法的输出解释为对一个待排序序列的下标求一种排列,使得序列中的元素按照升序排列。例如,待排序序列是 $\{a_1, a_2, \cdots, a_n\}$,则输出是这些元素的一个排列。因此,对于一个任意的 n 个元素的序列排序后,可能的输出有 $n!$ 个,即有 $n!$ 个不同的比较路径。在排序过程中,每次比较会有两种情况出现,若整个排序需要进行 t 次比较,则会出现 2^t 种情况,于是有 $2^t \geq n!$,即 $t \geq \log_2(n!)$。图 8-5 给出了对三个元素进行排序的判定树,可以看到,判定树中至少有 $n!$ 个叶子结点,每个分支结点的比较都有两种结果。当待排序元素个数 n 非常大时,有 $t \geq \log_2(n!) \approx n\log_2 n$。

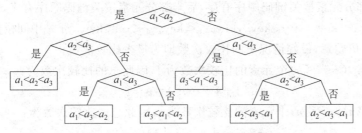

图 8-5　对三个元素进行排序的判定树

(2) 已知数据序列为(12,5,9,20,6,31,24),对该数据序列进行排序,写出插入排序、简单选择排序、快速排序、起泡排序、堆排序以及二路归并排序每趟的结果。

【解答】　用各种排序方法的每趟结果如图 8-6 所示。

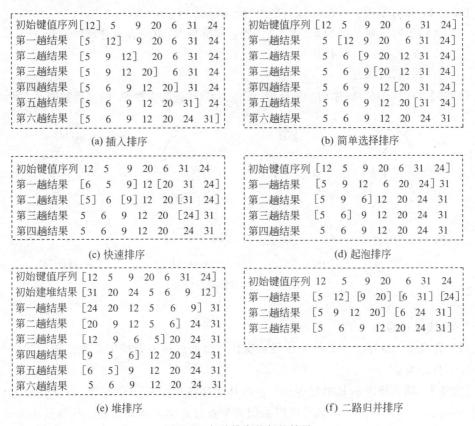

图 8-6　各种排序的每趟结果

(3) 已知下列各种初始状态(长度为 n)的元素,试问当利用直接插入排序进行排序时,至少需要进行多少次比较(要求排序后的记录由小到大顺序排列)?

① 关键码从小到大有序($key_1 < key_2 < \cdots < key_n$)。

② 关键码从大到小有序($key_1 > key_2 > \cdots > key_n$)。

③ 奇数关键码顺序有序,偶数关键码顺序有序($key_1 < key_3 < \cdots, key_2 < key_4 < \cdots$)。

④ 前半部分元素按关键码顺序有序,后半部分元素按关键码顺序有序,即:
$$(key_1<key_2<\cdots<key_m,key_{m+1}<key_{m+2}<\cdots<key_n,m \text{ 是中间位置})$$

【解答】 依题意,最好情况下的比较次数即为最少比较次数。

① 插入第 $i(2 \leqslant i \leqslant n)$ 个元素的比较次数为 1,因此总的比较次数为:
$$1+1+\cdots+1=n-1$$

② 插入第 $i(2 \leqslant i \leqslant n)$ 个元素的比较次数为 i,因此总的比较次数为:
$$2+3+\cdots+n=(n-1)(n+2)/2$$

③ 比较次数最少的情况是所有记录关键码按升序排列,总的比较次数为 $n-1$。

④ 在后半部分元素的关键码均大于前半部分元素的关键码时需要的比较次数最少,总的比较次数为 $n-1$。

(4) 对 $n=7$,给出快速排序一个最好情况和最坏情况的初始排列的实例。

【解答】 最好情况:4,7,5,6,3,1,2 最坏情况:7,6,5,4,3,2,1。

(5) 判别下列序列是否为堆,如不是,把它调整为堆,用图表示建堆的过程。

① (1,5,7,25,21,8,8,42)

② (3,9,5,8,4,17,21,6)

【解答】 序列①是堆,序列②不是堆,调整为堆(假设为大根堆)的过程如图 8-7 所示。

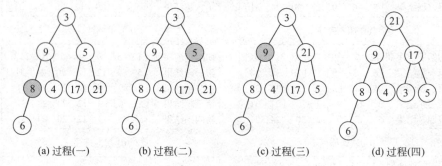

图 8-7 堆调整的过程

5. 算法设计题

(1) 直接插入排序中寻找插入位置的操作可以通过折半查找来实现。据此写一个改进的插入排序算法。

【解答】 插入排序的基本思想是:每趟从无序区中取出一个元素,再按键值大小插入到有序区中。对于有序区,当然可以采用折半查找来确定插入位置。具体算法如下:

```
插入排序算法 StraightSort
void StraightSort(int r[],int n)          //元素从下标1开始存放
{
  for(i=2;i<=n;i++)
  {
    r[0]=r[i];
```

```
    low = 1; high = i - 1; flag = 1;
    while(low <= high && flag)
    {
       mid = (low + high)/2;
       if(r[0] < r[mid])   high = mid - 1;
       else if(r[0] > r[mid])   low = mid + 1;
           else flag = 0;
    }
    for(j = i - 1; j >= mid; j--)
       r[j + 1] = r[j];
    r[mid] = r[0];
  }
}
```

（2）设待排序的记录序列用单链表作存储结构，试写出直接插入排序算法。

【解答】 本算法采用的存储结构是带头结点的单链表。首先找到元素的插入位置，然后把元素从链表中原位置删除，再插入到相应的位置处。具体算法如下：

插入排序算法 StraightSort

```
void StraightSort(Node * first)           //Node 请参见第 2 章单链表的结点结构
{
  pre = first; p = first->next; q = p->next;
  while (q != NULL)
  {
    while (q != p)
    {
      while (p->data < q->data)
      {
        pre = p; p = p->next;
      }
      if (p != q) {
        u = q->next; pre->next = q;
        q->next = p; q = u;
      }
      else q = q->next;
    }
    pre = first; p = first->next;
  }
}
```

（3）设待排序的记录序列用单链表作存储结构，试写出简单选择排序算法。

【解答】 参见 8.2.2 节。

(4) 对给定的序号 $j(1<j<n)$,要求在无序记录 $A[1] \sim A[n]$ 中找到按关键码从小到大排在第 j 位上的记录,试利用快速排序的划分思想设计算法实现上述查找。

【解答】 本算法不要求将整个记录进行排序,而只进行查找第 j 个记录。

查找第 j 小算法 Search

```
int Search(int r[], int n, int j)
{
  s = 1; t = n;
  k = Devo(r, s, t);
  while (k != j)
    if (k < j) k = Devo(r, k + 1, t);
    else k = Devo(r, s, k - 1);
  return r[j];
}
int Devo(int r[], int low, int high)
{
  i = low; j = high; x = r[low];
  while (i < j)
  {
    while (r[j] >= x && i < j) j--;
    if (i < j) {r[i] = r[j]; i++;}
    while (r[i] < x && i < j) i++;
    if (i < j) {r[j] = r[i]; j--;}
  }
  r[i] = x;
  return i;
}
```

---

(5) 写出快速排序的非递归调用算法。

【解答】 先调用划分函数 Quickpass(划分函数同教材),以确定中间位置,然后再借助栈分别对中间元素的左、右两边的区域进行快速排序。

快速排序非递归算法 Quicksort

```
void Quicksort(int r[], int n)
{
  top = -1;                    //采用顺序栈并假定不会发生溢出
  low = 1; high = n;
  while(low < high || top != -1)
  {
    while(low < high)
    {
      i = Quickpass(r, low, high);
```

```
      S[ ++ top] = i; high = i - 1;
    }
    if(top ! = -1) {
      i = S[ -- top];
      low = i + 1;
    }
  }
}
```

（6）一个线性表中的元素为正整数或负整数。设计算法将正整数和负整数分开,使线性表的前一半为负整数,后一半为正整数。不要求对这些元素排序,但要求尽量减少比较次数。

【解答】 本题的基本思想是:先设置好上、下界和轴值,然后分别从线性表两端查找正数和负数,找到后进行交换,直到上下界相遇。算法如下:

正负整数分开算法 Devot

```
void Devot(int r[], int n)                //元素从下标0开始存放
{
  i = 0; j = n - 1;
  while (i < j)
  {
    while (r[j] > 0 && i < j) j-- ;
    while (r[i] < 0 && i < j) i++ ;
    if (i < j) {
      r[i]←→r[j];                         //交换元素
      i ++ ;
      j -- ;
    }
  }
}
```

（7）已知$(k_1, k_2, \cdots, k_n)$是堆,试写一算法将$(k_1, k_2, \cdots, k_n, k_{n+1})$调整为堆。

【解答】 增加一个元素应从叶子向根方向调整,假设调整为小根堆。

插入法建堆算法 InsertHeap

```
void InsertHeap(int r[], int k)           //r[1]~r[k]为堆,将r[1]~r[k+1]调整为堆
{
  x = r[k+1];
  i = k + 1;
  while (i/2 > 0 && r[i/2] > x)
```

```
    {
      r[i] = r[i/2];
      i = i/2;
    }
    r[i] = x;
}
```

(8) 给定 n 个记录的有序序列 A[n]和 m 个记录的有序序列 B[m]，将它们归并为一个有序序列，存放在 C[$m+n$]中，试写出这一算法。

【解答】 采用二路归并排序中一次归并的思想，设三个参数 i,j 和 k 分别指向两个待归并的有序序列和最终有序序列的当前记录，初始时 i,j 分别指向两个有序序列的第一个记录，即 $i=0,j=0$，k 指向存放归并结果的位置，即 $k=0$。然后，比较 i 和 j 所指记录的关键码，取出较小者作为归并结果存入 k 所指位置，直至两个有序序列之一的所有记录都取完，再将另一个有序序列的剩余记录顺序送到归并后的有序序列中。

一次归并算法 Union

```
void Union(int A[ ], int n, int B[ ], int m, int C[ ])        //元素从下标 0 开始存放
{
  i = 0; j = 0; k = 0;
  while (i < n && j < m)
  {
    if (A[i] <= B[j]) C[k++] = A[i++];
    else C[k++] = B[j++];
  }
  while (i < n) C[k++] = A[i++];
  while (j < m) C[k++] = B[j++];
}
```

8.3.2 学习自测题及答案

1. 填空题

(1) 评价基于比较的排序算法的时间性能，主要标准是(　　)和(　　)。

【解答】 关键码的比较次数，记录的移动次数。

(2) 对 n 个记录组成的任意序列进行简单选择排序，所需进行的关键码间的比较次数总共为(　　)。

【解答】 比较次数 $=(n-1)+(n-2)+\cdots+2+1=n\times(n-1)/2$。

2. 单项选择题

(1) 一组记录的关键码为{46,79,56,38,40,84}，则利用快速排序的方法，以第一个记录为基准得到的一次划分结果为(　　)。

　　A. {40,38,46,56,79,84}　　　　　　　　B. {40,38,46,79,56,84}

C. {40,38,46,84,56,79}　　　　　　　　D. {84,79,56,46,40,38}

【解答】　A。

(2) 排序趟数与序列的原始状态有关的排序方法是(　　)。

　　A. 直接插入排序　　B. 简单选择排序　　C. 快速排序　　D. 归并排序

【解答】　C。

(3) 用直接插入排序对下面4个序列进行由小到大排序,元素比较次数最少的是(　　)。

　　A. 94,32,40,90,80,46,21,69　　　　　　B. 21,32,46,40,80,69,90,94
　　C. 32,40,21,46,69,94,90,80　　　　　　D. 90,69,80,46,21,32,94,40

【解答】　B。

(4) 对数列(25,84,21,47,15,27,68,35,20)进行排序,元素序列的变化情况如下：

　　(1) 25,84,21,47,15,27,68,35,20　　(2) 20,15,21,25,47,27,68,35,84
　　(3) 15,20,21,25,35,27,47,68,84　　(4) 15,20,21,25,27,35,47,68,84

则采用的排序方法是(　　)。

　　A. 希尔排序　　B. 简单选择排序　　C. 快速排序　　D. 归并排序

【解答】　C。

3. 简答题

(1) 对于一个堆,按二叉树的层序遍历可以得到一个有序序列,这种说法是否正确?

【解答】　错误。堆的定义只规定了结点与其左右孩子结点之间的大小关系,而同一层上的结点之间并无明确的大小关系。

(2) 如果只想得到一个序列中第 k 个最小元素之前的部分排序序列,最好采用什么排序方法?为什么?对于序列{57,40,38,11,13,34,48,75,25,6,19,9,7},得到其第4个最小元素之前的部分序列{6,7,9,11},使用所选择的排序算法时,要执行多少次比较?

【解答】　采用堆排序最合适,依题意可知只需取得第 k 个最小元素之前的排序序列时,堆排序的时间复杂度 $O(n+k\log_2 n)$,若 $k \leqslant n$,则得到的时间复杂性是 $O(n)$。

对于上述序列得到其前4个最小元素,使用堆排序实现时,执行的比较次数如下：

初始建堆：比较20次,得到6；
第一次调整：比较5次,得到7；
第二次调整：比较4次,得到9；
第三次调整：比较5次,得到11。

4. 算法设计题

(1) 荷兰国旗问题。要求重新排列一个由字符 R,W,B(R 代表红色,W 代表白色,B 代表蓝色,这都是荷兰国旗的颜色)构成的数组,使得所有的 R 都排在最前面,W 排在其次,B 排在最后。为荷兰国旗问题设计一个算法,其时间性能是 $O(n)$。

【解答】　设立三个参数 i,j,k,其中 i 以前的元素全部为红色；j 表示当前元素；k 以后的元素全部为蓝色。这样,就可以根据 j 的颜色,把其交换到序列的前部或后部。算法如下：

> **荷兰国旗算法 FlagAdjust**
>
> ```
> enum Color {Red, White, Blue};
> void FlagAdjust(Color a[ ], int n)
> {
>   i = 0; j = 0; k = n − 1;
>   while (j <= k)
>     switch a[j]
>     {
>       case Red: a[i++] ←→ a[j++];           //交换元素
>               break;
>       case White: j++;
>               break;
>       case Blue: a[j] ←→ a[k--];
>               break;
>     }
> }
> ```

　　(2) 已知记录序列 A[1]～A[n] 中的关键码各不相同,可按如下方法实现计数排序：另设一个数组 C[1]～C[n],对每个记录 A[i],统计序列中关键码比它小的记录个数 C[i],则 C[i]=0 的记录必为关键码最小的记录,C[i]=1 的记录必为关键码次小的记录,依此类推,即按 C[i] 值的大小对 A 中记录进行重新排列。试编写算法实现上述计数排序。

　　【解答】　具体算法如下：

> **计数排序算法 CountSort**
>
> ```
> void CountSort(int A[ ], int B[ ], int n)      //对数组 A 排序,结果存于数组 B 中
> {
>   for (i = 1; i <= n; i++)                     //计数数组 C 初始化
>     C[i] = 0;
>   for (i = 1; i <= n; i++)
>   {
>     for (j = 1; j <= n; j++)
>       if (A[j] < A[i]) C[i]++;                 //统计每个记录按关键码大小的次序
>   }
>   for (i = 1; i <= n; i++)
>     B[C[i] + 1] = A[i];                        //重排记录
> }
> ```

　　(3) 对于记录序列 A[1]～A[n] 可按如下方法实现奇偶交换排序：第一趟对所有的奇数 i,将 A[i] 和 A[i+1] 进行比较,第二趟对所有的偶数 i,将 A[i] 和 A[i+1] 进行比较,每次比较时若 A[i]＞A[i+1],则将二者交换,然后重复上述排序过程,直至整个数组

有序。编写算法实现上述奇偶交换排序。

【解答】 具体算法如下:

奇偶交换排序算法 ExchangeSort

```
void ExchangeSort (int A[], int n)
{
  flag = 1;
  while (flag)
  {
    flag = 0;                              //假定没有记录交换
    for (i = 1; i < n; i = i + 2)          //奇数趟排序
      if (A[i] < A[i + 1]) {
        flag = 1;
        A[i] ←→ A[i + 1];                  //交换记录
      }
    for (i = 2; i < n; i = i + 2)          //偶数趟排序
      if (A[i] < A[i + 1]) {
        flag = 1;
        A[i] ←→ A[i + 1];                  //交换记录
      }
  }
}
```

第 9 章 索引技术

9.1 本章导学

1. 知识结构图

本章的知识结构如图 9-1 所示。

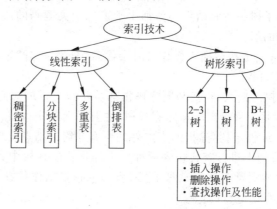

图 9-1　第 9 章知识结构图

2. 学习要点

索引是为了加快查找速度而设计的一种数据结构,索引技术是组织大型数据库以及磁盘文件的一种重要技术。对于本章的学习,要从线性索引和树形索引两条主线出发,针对线性索引,注意稠密索引和分块索引的关系、多重表和倒排表的关系。针对树形索引,注意 2-3 树、B 和 B+树三者之间的关系。

3. 重点整理

(1) 索引技术是组织大型数据库及磁盘文件的一种重要技术。

(2) 索引是把一个关键码与它对应的记录在存储器中的位置相关联的过程,一个索引隶属于某一个文件,由若干索引项构成,每个索引项至少应包含关键码和关键码对应的记录在存储器中的位置等信息。

(3) 若将索引项组织为线性表,则称其为线性索引;若将索引项组织为树,则称其为树形索引。

(4) 在线性索引中,若每个记录对应一个索引项,则这种索引称为稠密索引。在稠密索引中,索引项按关键码有序排列。

(5) 对于分块有序的文件,每块只需对应一个索引项,这种索引称为分块索引。在分块索引中进行查找分两步进行:
① 在索引表中确定待查找关键码所在块;
② 在相应块中查找待查找的关键码。

(6) 多重表是对次关键码建立的一种索引表,在多重表中为每个需要查找的次关键码建立一个索引,并且在文件中,为各次关键码分别增设一个指针域,用于将次关键码相同的记录链接在一起(针对稠密索引),或将在同一块中的记录链接在一起(针对分块索引)。

(7) 倒排表也是对次关键码建立的一种索引表,在倒排表中,索引项包括次关键码的值和具有该值的各记录的地址。

(8) 2-3 树最大的优点是它能够以相对较低的代价保持树高的平衡。2-3 树的特性是:对于每一个结点,其左子树中所有结点的值都小于第一个关键码的值,而中间子树的值均大于或者等于第一个关键码的值。如果有右子树的话(相应地,结点存储两个关键码),那么中间子树中所有结点的值都小于第二个关键码的值,而右子树的值大于或等于第二个关键码的值。

(9) 在 2-3 树上执行插入操作有时会导致"分裂-提升"过程,执行删除操作有时会导致"合并-下移"过程。

(10) 2-3 树的插入、查找和删除操作都需要 $O(\log_2 n)$ 时间。

(11) B 树是一种平衡的多路查找树,主要面向动态查找。在一棵 m 阶的 B 树中,每个结点至多有 m 棵子树,除根结点之外的所有非终端结点至少有 $\lceil m/2 \rceil$ 棵子树。

(12) 在 B 树上进行查找包含两种基本操作:在 B 树中查找结点和在结点中查找关键码。由于 B 树通常存储在磁盘上,则前一个查找操作是在磁盘上进行的,而后一个查找操作是在内存中进行的。

(13) 对含有 n 个关键码的 m 阶 B 树,最坏情况下的深度为 $\log_{\lceil m/2 \rceil}\left(\frac{n+1}{2}\right)+1$。

(14) 在 B 树上执行插入操作有时会导致"分裂-提升"过程,执行删除操作有时会导致"合并-下移"过程。

(15) 在一棵 m 阶的 B+树中,具有 m 棵子树的结点含有 m 个关键码,并且只在终端结点存储记录,内部结点存储关键码值,但是这些关键码值只是用于引导查找的。可以对 B+树进行两种查找运算:从最小关键码起顺序查找和从根结点起随机查找。

9.2 习题解析

9.2.1 课后习题讲解

1. 填空题

(1) 在索引表中,每个索引项至少包含(　　)和(　　)等信息。

【解答】 关键码,关键码对应的记录在存储器中的位置。

(2) 在线性索引中,(　　)称为稠密索引。

【解答】 若文件中的每个记录对应一个索引项。

(3) 分块有序是指将文件划分为若干块,(　　)无序,(　　)有序。

【解答】 块内,块间。

(4) 在分块查找方法中,首先查找(　　),然后查找相应的(　　)。

【解答】 索引表,块。

(5) 在 10 阶 B 树中根结点所包含的关键码个数最多为(　　),最少为(　　)。

【解答】 9,1。

【分析】 m 阶的 B 树中每个结点至多有 m 棵子树,若根结点不是终端结点,则至少有两棵子树,每个结点中关键码的个数为子树的个数减 1。

(6) 一棵 5 阶 B 树中,除根结点外,每个结点的子树树目最少为(　　),最多为(　　)。

【解答】 3,5。

【分析】 m 阶的 B 树中每个结点至多有 m 棵子树,除根结点之外的所有非终端结点至少有 $\lceil m/2 \rceil$ 棵子树。

(7) 对于包含 n 个关键码的 m 阶 B 树,其最小高度是(　　),最大高度是(　　)。

【解答】 $\lceil \log_m(n+1) \rceil$,$\lfloor \log_{m/2}(n+1)/2 \rfloor$。

(8) 在一棵 B 树中删除关键码,若最终引起树根结点的合并,则新树比原树的高度(　　)。

【解答】 减少 1 层。

(9) 在一棵高度为 h 的 B 树中,叶子结点处于第(　　)层,当向该 B 树中插入一个新关键码时,为查找插入位置需读取(　　)个结点。

【解答】 $h+1$,h。

【分析】 B 树的叶子结点可以看作是外部结点(即查找失败)的结点,通常称为外结点。实际上这些结点不存在,指向这些结点的指针为空,B 树将记录插入在终端结点中。

(10) 对于长度为 n 的线性表,若采用分块查找(假定总块数和每块长度均接近 $\sqrt{n}$,用顺序查找确定所在块),则时间复杂性为(　　)。

【解答】 $O(\sqrt{n})$。

2. 判断题

(1) 在索引顺序表上采用分块查找,在等概率情况下,其平均查找长度不仅与子表个数有关,而且与每一个子表中的记录个数有关。

【解答】 对。

【分析】 分块查找的平均查找长度不仅和文件中记录的个数 n 有关,而且和每一块中的记录个数 t 有关,当 t 取 $\sqrt{n}$ 时,ASL 取最小值 $\sqrt{n}+1$。

(2) B 树是一种动态索引结构,它既适用于随机查找,也适用于顺序查找。

【解答】 错。

【分析】 B 树不能进行顺序查找。

(3) 对于 B 树中任何一个非叶结点中的某个关键码 k 来说,比 k 大的最小关键码和比 k 小的最大关键码一定都在终端结点中。

【解答】 对。

(4) 在索引顺序表的查找中,对索引表既可以采取顺序查找,也可以采用折半查找。

【解答】 对。

【分析】 因为索引表有序。

(5) m 阶 B 树中每个结点的子树个数都大于或等于 $\lfloor m/2 \rfloor$。

【解答】 错。

【分析】 m 阶的 B 树中除根结点之外的所有非终端结点至少有 $\lceil m/2 \rceil$ 棵子树。若根结点不是终端结点,则至少有两棵子树。

(6) m 阶 B 树中任何一个结点的左右子树的高度都相等。

【解答】 对。

【分析】 B 树都是树高平衡的。

3. 简答题

(1) 对如图 9-2 所示的 3 阶 B 树,分别给出插入关键码为 2,12,16,17 和 18 之后的结果。

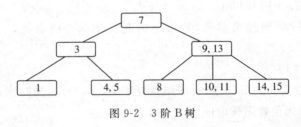

图 9-2　3 阶 B 树

【解答】 插入关键码 2,12,16,17,18 的结果分别如图 9-3(a)、图 9-3(b)、图 9-3(c)、图 9-3(d) 和图 9-3(e) 所示。

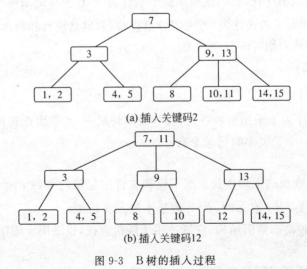

图 9-3　B 树的插入过程

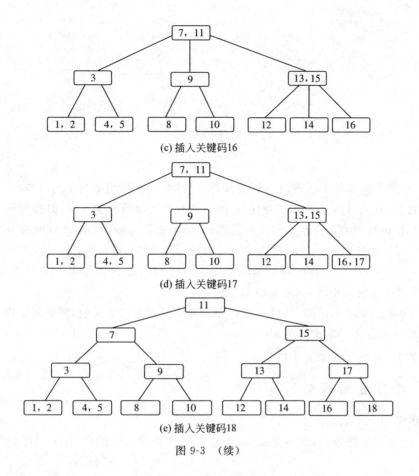

图 9-3 （续）

(2) 对第(1)题所示的 3 阶 B 树，分别给出删除关键码为 4,8,9 之后的结果。

【解答】 删除关键码为 4,8,9 之后的结果如图 9-4(a)、图 9-4(b) 和图 9-4(c) 所示。

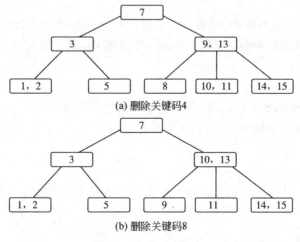

图 9-4　B 树的删除过程

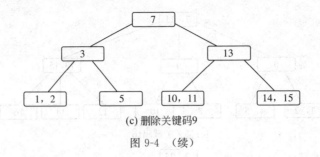

(c) 删除关键码9

图9-4 （续）

(3) 为什么在内存中使用的B树通常是3阶的，而不使用更高阶的B树？

【解答】 作为外存上的动态查找，B树比平衡二叉树的性能要好，但若要作为内存中的查找表，B树却不一定比平衡二叉树性能好，因为查找等操作的时间性能在 m 阶B树上是 $O(m\log_t n) = O(\log_2 n * (m/\log_2 t))$（$n$ 为记录个数），而 $m/\log_2 t > 1$，故 m 较大时，$O(m\log_2 n)$ 比平衡的二叉排序树上相应操作的时间 $O(\log_2 n)$ 大得多。因此，仅在内存中使用的B树必须取较小的 m，通常取最小值 $m=3$。

(4) 设有10 000个记录，通过分块划分为若干子表并建立索引，那么为了提高查找效率，每一个子表的大小应设计为多大？

【解答】 每个子表的大小应为 $\sqrt{10000} = 100$。

9.2.2 学习自测题及答案

1. 填空题

(1) 在索引顺序表中，首先查找(   )，然后再查找相应的(   )，其平均查找长度等于(   )。

【解答】 索引表，块，查找索引表的平均长度与检索相应块的平均查找长度的和。

(2) 在一个3阶的B树上，每个结点所含的子树数目最多为(   )。

【解答】 3。

(3) 在一棵 m 阶的B树中，当将一个关键码插入某结点而引起该结点分裂时，此结点原有(   )个关键码；若删去某结点中的一个关键码，而导致结点合并时，该结点原有(   )个关键码。

【解答】 $m-1$，$\lceil m/2 \rceil - 1$。

(4) 当向B树中插入关键码时，可能引起结点的(   )，最终可能导致整个B树的高度(   )，当从B树中删除关键码时，可能引起结点(   )，最终可能导致整个B树的高度(   )。

【解答】 分裂，增加1，合并，减少1。

(5) 在9阶B树中，除根结点以外其他非叶子结点中的关键码个数不少于(   )。

【解答】 4。

2. 单项选择题

(1) 既希望较快的查找又便于线性表动态变化的查找方法是(   )。

A. 顺序查找　　　　　　　　　　B. 折半查找

C. 散列查找　　　　　　　　　　D. 索引顺序查找

【解答】 D。

(2) 当向一棵 m 阶的 B 树做插入操作时,若一个结点中的关键码个数等于(　　),则必须分裂为两个结点。

A. m　　　B. $m-1$　　　C. $m+1$　　　D. $m/2$

【解答】 A。

(3) 在一个 5 阶的 B 树上,每个非终端结点所含的子树数最少为(　　)。

A. 2　　　B. 3　　　C. 4　　　D. 5

【解答】 B。

3. 简答题

(1) 给定一组记录,其关键码为字母。记录按照下面的顺序插入一棵空的 B 树中:C,S,D,T,A,M,P,I,B,W,N,G,V,R,K,E,H,O,L,J。请画出插入这些记录后的 3 阶 B 树。

【解答】 最后的 B 树如图 9-5 所示。

M
D
S
B
G
K
P
V
A
C
E
H
J
L
N, O
R
T
W

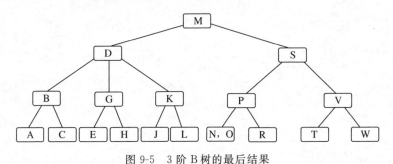

图 9-5　3 阶 B 树的最后结果

(2) 已知一个 B+树有 5 个叶子结点,每个叶子结点中的关键码如图 9-6 所示,请画出这棵 3 阶 B+树,然后在此 3 阶 B+树中插入关键码 65,再画出插入后的 B+树。

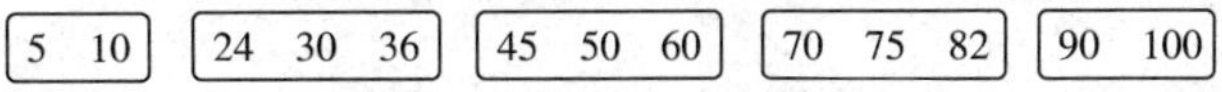

5 10
24 30 36
45 50 60
70 75 82
90 100

图 9-6　3 阶 B+树的叶子结点

【解答】 该 B+树如图 9-7 所示,插入关键码 65 后,B+树如图 9-8 所示。

60 100
10 36 60
82 100
5 10
24 30 36
45 50 60
70 75 82
90 100

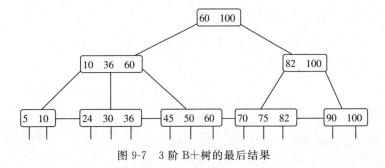

图 9-7　3 阶 B+树的最后结果

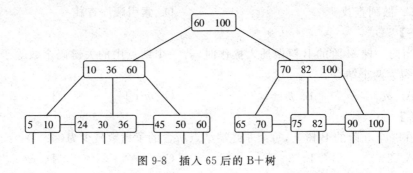

图 9-8 插入 65 后的 B+树

实验指导

第二篇

- 第 10 章　实验基础
- 第 11 章　线性表实验
- 第 12 章　栈和队列实验
- 第 13 章　字符串和多维数组实验
- 第 14 章　树和二叉树实验
- 第 15 章　图实验
- 第 16 章　查找技术实验
- 第 17 章　排序技术实验

第10章 实验基础

"数据结构"是一门实践性很强的课程,只靠读书和做习题是不能提高实践能力的,尤其是在数据结构中要解决的问题更接近于实际。

本书安排了"验证实验→设计实验→综合实验"循序渐进地提高数据结构的应用能力。验证实验提供了详尽的范例程序,建议学生在讲授完相关理论部分后,自行完成验证实验,这样有助于消化理解主教材的相关理论知识;学校的"数据结构"课程一般都安排了实验环节,建议在实验课上完成设计实验;如果"数据结构"课程安排了课程设计,建议在课程设计环节完成综合实验,如果没有安排课程设计环节,建议以大作业的形式完成综合实验。

10.1 实验的一般过程

10.1.1 本书的实验安排

数据结构的实验是对学生的一种全面的综合训练,与程序设计语言课程中的实验不同,数据结构的实验多属创造性的活动,要求学生能够根据实际问题来选择、扩展甚至是设计全新的数据结构,然后设计相应的存储结构并加以实现,从而最终完成问题求解。数据结构的实验是一种自主性很强的学习过程,其教学目标主要有两个:

(1) 深化理解和掌握书本上的理论知识,将书本上的知识变"活";

(2) 理论和实践相结合,使学生学会如何把书本上有关数据结构和算法的知识用于解决实际问题,培养数据结构的应用能力和程序设计能力。

为了达到上述目标,本书安排了如下三类实验:

(1) 验证实验:其主要内容是将书上的重要数据结构和算法上机实现,这部分实验不要求学生自己设计数据结构和算法,只需将给定的范例程序实现即可,目的是深化理解和掌握相关的理论知识。

(2) 设计实验:其主要内容是针对具体问题,应用某一个知识点设计相应的数据结构和算法,并上机实现,目的是培养学生对数据结构的简单应用能力。

（3）综合实验：其主要内容是针对具体问题，应用某几个知识点设计相应的数据结构和算法，并上机实现，目的是培养学生对数据结构的综合应用能力。

验证实验由实验目的、实验内容、实现提示和实验程序等四部分组成，其中实验目的明确了该实验要学生掌握哪些知识点；实验内容规定了实验的具体任务；实现提示给出了数据结构和算法；实验程序给出了实验的范例程序。在验证实验中，不要求但鼓励学生在完成实验任务的基础上，对该实验涉及的数据结构的其他实现方法进行探索。

设计实验和综合实验由问题描述、基本要求、设计思想、思考题四部分组成，其中问题描述是为学生建立问题的背景环境，指明"问题是什么"；基本要求是对问题的实现进行基本规范，保证预定的训练意图，使某些难点和重点不会被绕过去，而且也便于教学检查；设计思想给出了设计数据结构和算法的主要思路；思考题引导学生在做完实验后进行总结和扩充。

虽然在设计实验和综合实验中都给出了一定的设计方案，但是，学生不应拘泥于这些分析和设计，要尽量发挥想象力和创造力。对于一个实际问题，每个人可能会有不同的解决办法，本书给出的范例方案，只是希望把学生的思路引入正轨，提出了思考问题的方法，但是不希望限制学生的思维，鼓励学生自己设计解决方案。

10.1.2 验证实验的一般过程

验证实验安排的内容在主教材上都能找到具体的算法，并且给出了相应的范例程序。这些验证实验是学生在学习完一种数据结构后进行的，对于深化理解和掌握相应数据结构具有很重要的意义。

1. 预备知识的学习

由于篇幅所限，本书没有整理验证实验所用到的预备知识，但主教材中的相关内容已经叙述得很清楚了，需要学生在实验前复习实验所用的预备知识。这需要学生有自主的学习意识和整理知识的能力。

2. 上机前的准备

学生在上机前应该将实现提示中给出的数据结构和算法转换为对应的程序，并进行静态检查，尽量减少语法错误和逻辑错误。实际教学中常常发现很多学生在上机时只带一本数据结构书或实验指导书，没有进行预先的功课就直接在键盘上输入程序，结果不仅程序的输入速度慢，编译后出现很多错误，而且出现错误后就手足无措，不知道该如何改正错误。上机前的充分准备能高效利用机时，在有限的时间内完成更多的实验内容。

3. 上机调试和测试程序

调试程序是一个辛苦但充满乐趣的过程，也是培养程序员素质的一个重要环节。很多学生都有这样的经历：花了好长时间去调试程序，错误却越改越多。究其原因，一方面，是对调试工具不熟悉，出现了错误提示却不知道这种错误是如何产生的；另一方面，没有认识到努力预先避免错误的重要性,也就是对程序进行静态检查。

对程序进行测试,首先需要设计测试数据。测试数据最简单的形式是[输入,预期的输出]。显然,使用的测试数据越多,程序的正确程度越高。在数据结构中测试数据需要考虑两种情况:

(1) 一般情况,例如循环的中间数据、随机产生的数据等;

(2) 特殊情况,例如循环的边界条件、具有特定规律的数据(如升序序列)等。

4. 实验报告

在实验后要总结和整理实验报告,实验报告的一般格式请参见附录 A。

10.1.3 设计实验和综合实验的一般过程

设计实验和综合实验的自主性比较强,涉及的知识点也比较多,可以在实验环节或课程设计中完成,设计实验推荐单人完成,综合实验推荐多人完成,主要目的是为了培养数据结构的应用能力、软件工程的规范训练、团队精神和良好的科学作风。

1. 问题分析

在设计实验和综合实验中的问题描述通常都很简洁,因此,首先要充分理解问题,明确问题要求做什么,限制条件是什么,也就是对所需完成的任务做出明确的描述。例如:输入数据的类型、值的范围以及输入的形式;输出数据的类型、值的范围以及输入的形式;哪些属于非法输入;等等。在问题分析时还应该准备好测试数据。

2. 概要设计

概要设计是对问题描述中涉及的数据定义抽象数据类型,设计数据结构,设计算法的伪代码描述。在这个过程中,要综合考虑系统的功能,使得系统结构清晰、合理、简单,抽象数据类型尽可能做到数据封闭,基本操作的说明尽可能明确。注意不必过早地考虑存储结构,不必过早地考虑语言的实现细节,不必过早地表述辅助数据结构和局部变量。

3. 详细设计

在详细设计阶段,需要设计具体的存储结构(即用 C++ 描述抽象数据类型对应的类)以及算法所需的辅助数据结构,算法在伪代码的基础上要考虑细节问题并用 C++ 描述。

此外,还要设计一定的用户界面。数据结构实验的主要目的是为了培养数据结构的应用能力,因此在实验中不要求图形界面,只需要在命令行交互界面上提示用户每一步操作的输入、将结果输出即可。

4. 编码实现和静态检查

将详细设计阶段的结果进一步优化为 C++ 程序,并做静态检查。

很多初学者在编写程序后都有这样的心态:确信自己的程序是正确的,认为上机前的任务已经完成,检查错误是计算机的事。这种心态是极为有害的,这样的上机调试效率是极低的。事实上,即使有几十年经验的高级软件工程师,也经常利用静态检查法来查找程序中的错误。

5. 上机调试和测试程序

掌握调试工具,设计测试数据,上机调试和测试程序。调试正确后,认真整理源程序和注释,给出带有完整注释且格式良好的源程序清单和运行结果。

6. 总结并整理实验报告

在实验后要总结和整理课程设计报告,课程设计报告的一般格式请参见附录 B。

10.2 VC++ 编程工具的使用

10.2.1 控制台程序

Microsoft 公司推出的 Visual C++ 是 Windows 平台上最流行的 C/C++ 集成开发环境。Win32 控制台应用程序(Win32 Console Application)是一类 Windows 程序,它不使用复杂的图形用户界面,程序与用户交互是在一个标准的正文窗口中。Microsoft Visual C++ 6.0(以下简称 VC++)集成开发环境如图 10-1 所示,Win32 控制台应用程序的交互界面如图 10-2 所示。

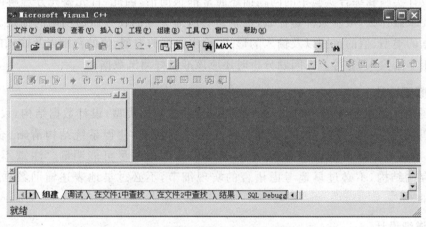

图 10-1　VC++ 集成开发环境

图 10-2　VC++ 控制台应用程序的交互界面

10.2.2 单文件结构

如果程序的规模很小,可以使用 C/C++ 语言的单文件结构。单文件结构是将所有的程序代码都放到一个源程序文件中。建立一个源程序文件的步骤如下：

(1) 在如图 10-1 所示编程环境下，单击"文件"菜单，在弹出的下拉菜单中单击"新建"选项，在弹出的对话框中选择"文件"选项卡，然后选中 C++ Source File 选项，如图 10-3 所示。

(2) 在"位置"文本框中输入一个文件夹路径，在"文件名"文本框中输入一个源程序文件名称，单击"确定"按钮，如图 10-3 所示。例如，"位置"选择 D:\program，在"文件名"文本框中输入 exercise.cpp，在 D 盘 program 文件夹下就新建了一个 C++ 源程序文件 exercise.cpp。

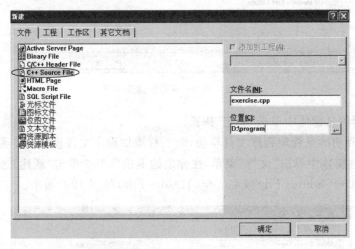

图 10-3 新建 C/C++ 源程序文件

需要强调的是：一定要指定自己的文件夹，不要使用系统的默认目录，也不要随便地将源程序文件放在根目录或其他目录下。

VC++ 的编辑器和 Windows 的记事本很相像，并有许多专门为编写代码而设置的功能，如关键字加亮、自动完成、自动调整格式等。

10.2.3 多文件结构

如果源程序文件的规模较大，应该采用 C/C++ 语言的多文件结构，将源程序文件分解为几个程序文件模块。多文件结构通常包含一个或多个用户自定义头文件和一个或多个源程序文件，每个文件称为程序文件模块。严格地讲，结构化程序应该使用多文件结构，尤其对于大型程序。

VC++ 使用工程（也称项目）来管理程序文件模块。建立一个工程的步骤如下：

(1) 进入 VC++ 编程环境后，单击"文件"菜单，在弹出的下拉菜单中单击"新建"选项，在弹出的对话框中选中 Win32 Console Application（控制台应用程序），如图 10-4 所示。

(2) 在"位置"文本框中输入一个文件夹地址，在"工程名称"文本框中输入一个工程名称，单击"确定"按钮，如图 10-4 所示。

(3) 在出现的 Win32 Application Step 1 窗体中选择"一个空工程"，单击"完成"按

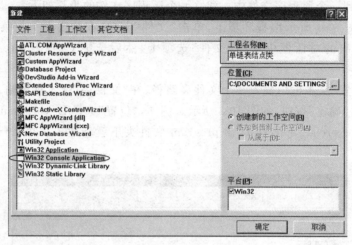

图 10-4　VC++ 环境下建立工程

钮,在新建工程信息窗体中单击"确定"按钮。

工程的主要功能是管理程序文件模块,向工程添加程序文件模块的步骤如下:

(1) 在工程窗体中单击"文件"菜单,在弹出的下拉菜单中单击"新建"选项,在弹出的对话框中选中 C++ Source File 或 C/C++ Header File,如图 10-5 所示。

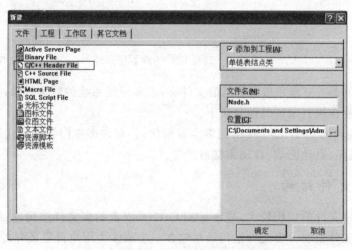

图 10-5　向工程添加头文件

(2) 在对话框的右侧的"添加到工程"文本框中出现一个工程名称,表示将建立的程序文件模块添加到该工程中,如图 10-5 所示。

(3) 在"文件名"文本框中输入新建文件的名字(可以省略扩展名),单击"确定"按钮。

在多文件程序中,头文件(即.h 文件)通常包含某些程序文件模块的共享信息,如符号常量定义、数据类型定义、全局变量定义和函数原型等。源程序文件(即.cpp 文件)通常包含主函数和其他函数定义,相应的函数原型一般放在头文件中。由于整个程序的运行只能从主函数 main 开始,所以,只能有一个源程序文件包含 main 主函数。

例如，对于单链表结点类，可以在头文件 Node.h 中定义类 Node，如图 10-6 所示，类 Node 的成员函数定义在源程序文件 Node.cpp 中，如图 10-7 所示，然后在源程序文件 Node_main.cpp 中包含头文件 Node.h，如图 10-8 所示。

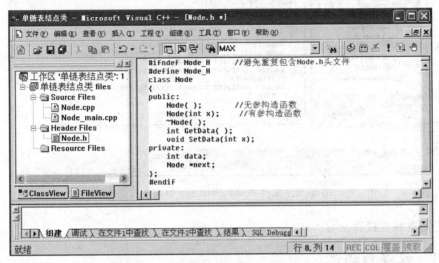

图 10-6　在头文件 Node.h 中定义类 Node

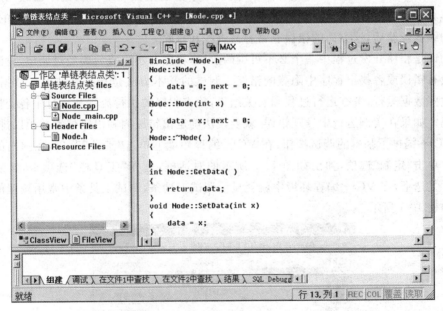

图 10-7　在源程序文件 Node.cpp 中定义类 Node 的成员函数

把一个源程序文件分成几个程序文件模块，显然，这些程序文件模块之间不是相互独立的。一个程序文件模块中可能使用其他程序文件模块中定义的程序对象（如变量、函数、类等），这实际上在不同程序文件模块间形成了一种依赖关系，如果在一个程序文件模块中改动了某个程序对象的定义，在生成可执行程序时，应该重新编译改动过的源程序文

图 10-8　在源程序文件 Node_main.cpp 中包含头文件 Node.h

件,将它们重新连接在一起。

10.2.4　程序的调试

程序的语法错误很容易查找和修改,但找出了语法错误并不代表程序已经完成。对于初学者来讲,很多编译错误是由于函数名或变量名等程序对象的拼写错误引起的,有了一定的编程经验后,这方面的错误非常容易查找和排除。

调试是程序开发过程中一个必不可少的阶段,程序初步完成后要经过调试,设法确认程序没有错误或者找出程序中隐藏的错误。调试的基本方法是选择一些测试数据,令程序用这些数据运行,考查运行过程和有关结果,检查程序的执行流程和运行中各变量的变化情况。如果在实例运行中发现错误,就要设法确定出错原因和出错位置并予以排除。

VC++ 提供了基本的调试按钮,在 VC++ 编程环境下单击"工具"菜单,在弹出的下拉菜单中单击"定制"选项,弹出如图 10-9 所示的对话框,选择"工具栏"选项卡,然后选中"调试"复选框,在 VC++ 编程环境中就会显示调试工具条,调试工具条中常用按钮的使用说明如表 10-1 所示。

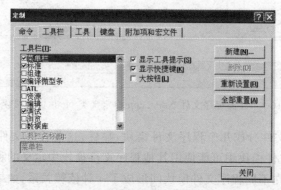

图 10-9　显示调试工具条

表 10-1　VC++ 基本调试按钮

调试命令	图标	快捷键	说　　明
Go		F5	开始或继续在调试状态下运行程序
Insert/Remove Breakpoint		F9	插入或删除断点
Step Over		F10	单步执行程序,不进入函数内部
Step Into		F11	进入函数内部单步执行程序
Stop Debugging		Shift+F5	停止调试程序
Step Out		Shift+F11	跳出当前函数
Run to Cursor		Ctrl+F10	运行到光标所在行

1. 单步调试

单步执行是调试程序最有效的手段,初学者如果能熟练使用键盘上的 F10 键(单步执行程序,不进入函数内部)或 F11 键(进入函数内部单步执行程序),也许是学好编程语言的一个捷径。所谓单步执行,就是一条语句一条语句地执行,观察每条语句的运行结果,判断每条语句运行的正确性。下面看一个调试的例子。

(1) 如图 10-10 所示的程序已经通过编译,单击调试工具条中的 按钮(Step Over)或按 F10 键,每次执行一条语句,编辑窗口中的箭头指向将要执行的语句,变量窗口显示了变量的值。在图 10-10 中,尚未执行输入语句,因此变量 x,y 和 z 的值均是随机数。

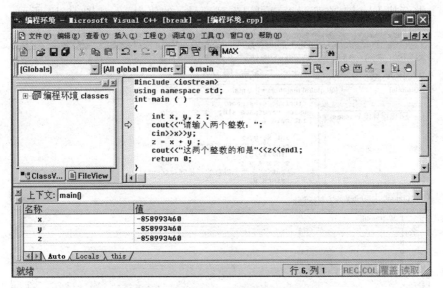

图 10-10　调试程序开始,按一次 F10 键

(2) 按 F10 键两次,程序执行到输入语句,在图 10-11 所示交互窗口输入测试数据。

(3) 按 Enter 键后,编辑窗口的箭头指向"z=x+y;",如图 10-12 所示,在变量窗口可以看到变量 x 的值为 5,变量 y 的值为 8。

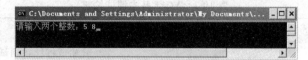

图 10-11　再按两次 F10 键，执行输入语句

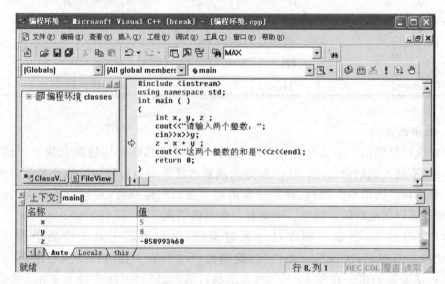

图 10-12　按 Enter 键后输入变量 x 和 y 的值

（4）继续按 F10 键，在变量窗口可以看到变量 z 的值为 13，如图 10-13 所示。

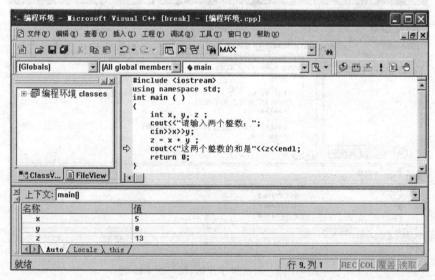

图 10-13　继续按 F10 键，观察变量 z 的变化

（5）继续按 F10 键两次，交互界面显示运行结果，查看结果是否正确。

（6）在调试过程中，单击 按钮（Stop Debugging）或按 Shift＋F5 键可结束调试。

2. 断点调试

如果程序很长,而且某些语句已经通过了单步调试,如果每次调试都进行单步调试,显然浪费时间,这时可以使用断点调试,即预定要在哪条语句上停止。断点就是源程序中标出的位置,程序运行到断点时将自动暂停。在 VC++ 的编辑窗口中,将光标移到程序的某条语句上,单击 按钮,在该语句上就设置了断点标记,如图 10-14 所示。可以同时设置多个断点。

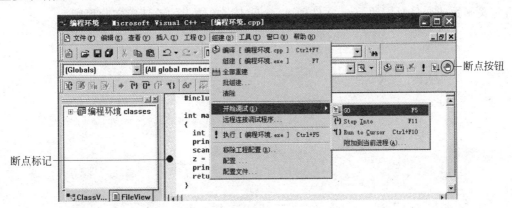

图 10-14 设置断点并调试程序

在程序中设置了断点以后,单击"组建"菜单,在弹出的下拉菜单中单击"开始调试"子菜单中的 GO 选项或按 F5 键,则程序运行到断点处会暂停下来。此后按 F5 键,则程序将在下一个断点处暂停。当程序运行到断点的位置停下来后,就可以在变量窗口观察各个变量的值,判断此时变量的值是否正确。如果不正确,则说明在断点之前肯定存在错误,这样就可以把出错的范围集中在断点之前的程序上。调试完成后,要删除所有断点。单步调试和断点调试可以混合使用。

3. 插入输出语句

为了查看某个变量的值,可以在源程序中的适当位置插入输出语句,如图 10-15 所

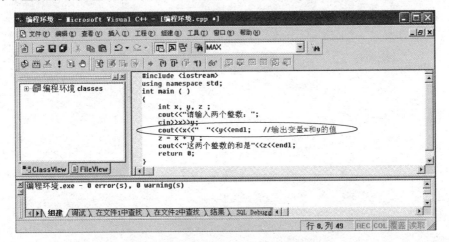

图 10-15 在源程序中插入输出语句

示，单击 ! 按钮将连续执行程序并输出有关变量的值进行检查。在程序调试完毕后，不要忘记删除调试程序用的输出语句。

4. 模板程序的调试

在调试模板程序时，可能会遇到 LNK2001 连接错误，错误信息为：unresolved external symbol "symbol"，其含义为不确定的外部符号"symbol"。如果连接程序不能在所有的库和目标文件中找到所引用的函数或变量，将产生此错误。解决问题的方法是包含定义函数或变量对应的 .cpp 文件即可，参见本书单链表的验证等实验程序。

第 11 章 线性表实验

线性表是最简单的基本数据结构,在实际问题中有着广泛的应用。通过本章的验证实验,巩固对线性表逻辑结构的理解,掌握线性表的存储结构及基本操作的实现,为应用线性表解决实际问题奠定良好的基础。通过本章的设计实验和综合实验,进一步培养以线性表作为数据结构解决实际问题的应用能力。

11.1 验证实验

11.1.1 顺序表的实现

1. 实验目的

(1) 掌握线性表的顺序存储结构;
(2) 验证顺序表及其基本操作的实现;
(3) 理解算法与程序的关系,能够将顺序表算法转换为对应的程序。

2. 实验内容

(1) 建立含有若干个元素的顺序表;
(2) 对已建立的顺序表实现插入、删除、查找等基本操作。

3. 实现提示

定义顺序表的数据类型——顺序表类 SeqList,包括题目要求的插入、删除、查找等基本操作,为便于查看操作结果,设计一个输出函数依次输出顺序表的元素。顺序表类 SeqList 的定义以及基本操作的算法请参见主教材 2.2 节。

简单起见,本实验假定线性表的数据元素为 int 型,要求学生:
(1) 将实验程序调试通过后,用模板类改写;
(2) 加入求线性表的长度等基本操作;
(3) 重新给定测试数据,验证抛出异常机制。

4. 实验程序

在 VC++ 编程环境下新建一个工程"顺序表验证实验",在该工程中新建一个头文件 SeqList.h，该头文件包括顺序表类 SeqList 的定义，范例程序如下：

```cpp
#ifndef SeqList_H                          //避免重复包含 SeqList.h 头文件
#define SeqList_H
const int MaxSize = 10;                    //线性表最多有 10 个元素
class SeqList
{
public:
    SeqList(){length = 0;}                 //无参构造函数，创建一个空表
    SeqList(int a[], int n);               //有参构造函数
    ~SeqList(){}                           //析构函数
    void Insert(int i, int x);             //在线性表第 i 个位置插入值为 x 的元素
    int Delete(int i);                     //删除线性表的第 i 个元素
    int Locate(int x);                     //求线性表中值为 x 的元素序号
    void PrintList();                      //按序号依次输出各元素
private:
    int data[MaxSize];                     //存放数据元素的数组
    int length;                            //线性表的长度
};
#endif
```

在工程"顺序表验证实验"中新建一个源程序文件 SeqList.cpp，该文件包括类 SeqList 中成员函数的定义，范例程序如下：

```cpp
#include <iostream>                        //引入输入输出流
using namespace std;
#include "SeqList.h"                       //引入类 SeqList 的声明
                                           //以下是类 SeqList 的成员函数定义
SeqList::SeqList(int a[], int n)
{
    if (n > MaxSize) throw "参数非法";
    for (int i = 0; i < n; i++)
        data[i] = a[i];
    length = n;
}

void SeqList::Insert(int i, int x)
{
    if (length >= MaxSize) throw "上溢";
    if (i < 1 || i > length + 1) throw "位置非法";
    for (int j = length; j >= i; j--)
        data[j] = data[j-1];               //第 j 个元素存在数组下标为 j-1 处
    data[i-1] = x;
    length++;
}
```

```cpp
int SeqList::Delete(int i)
{
    if (length == 0) throw "下溢";
    if (i < 1 || i > length) throw "位置非法";
    int x = data[i - 1];
    for (int j = i; j < length; j++)
        data[j - 1] = data[j];            //此处 j 已经是元素所在的数组下标
    length--;
    return x;
}

int SeqList::Locate(int x)
{
    for (int i = 0; i < length; i++)
        if (data[i] == x) return i + 1;   //下标为 i 的元素其序号为 i+1
    return 0;                             //退出循环,说明查找失败
}

void SeqList::PrintList()
{
    for (int i = 0; i < length; i++)
        cout<<data[i]<<" ";
    cout<<endl;
}
```

在工程"顺序表验证实验"中新建一个源程序文件 SeqList_main.cpp,该文件包括主函数,范例程序如下:

```cpp
# include <iostream>                      //引入输入输出流
using namespace std;
# include "SeqList.h"                     //引入类 SeqList 的声明

void main()
{
    int r[5] = {1, 2, 3, 4, 5};
    SeqList L(r, 5);
    cout<<"执行插入操作前数据为:"<<endl;
    L.PrintList();                        //输出所有元素
    try
    {
        L.Insert(2,3);                    //在第 2 个位置插入值为 3 的元素
    }
    catch (char * s)
    {
        cout<<s<<endl;
```

```cpp
    }
    cout<<"执行插入操作后数据为:"<<endl;
    L.PrintList();                          //输出所有元素
    cout<<"值为3的元素位置为:";
    cout<<L.Locate(3)<<endl;                //查找元素3,并返回在顺序表中位置
    cout<<"执行删除第一个元素操作,删除前数据为:"<<endl;
    L.PrintList();                          //输出所有元素
    try
    {
        L.Delete(1);                        //删除第1个元素
    }
    catch (char * s)
    {
        cout<<s<<endl;
    }
    cout<<"删除后数据为:"<<endl;
    L.PrintList();                          //输出所有元素
}
```

11.1.2 单链表的实现

1. 实验目的

(1) 掌握线性表的链接存储结构;
(2) 验证单链表及其基本操作的实现;
(3) 进一步理解算法与程序的关系,能够将单链表算法转换为对应的程序。

2. 实验内容

(1) 用头插法(或尾插法)建立带头结点的单链表;
(2) 对已建立的单链表实现插入、删除、查找等基本操作。

3. 实现提示

定义单链表的结点结构,定义单链表的数据类型——单链表类 LinkList,包括题目要求的插入、删除、查找等基本操作,为便于查看操作结果,设计一个输出函数依次输出单链表的元素。单链表的结点结构、单链表类 LinkList 的定义以及基本操作的算法请参见主教材 2.3.1 节。

有了顺序表的实验基础,本实验采用模板实现,要求学生:
(1) 体会加入模板后的程序有什么变化;
(2) 加入求线性表的长度等基本操作;
(3) 重新给定测试数据,验证抛出异常机制;
(4) 将单链表的结点结构用结点类实现。

4. 实验程序

在 VC++ 编程环境下新建一个工程"单链表验证实验",在该工程中新建一个头文件

LinkList.h,该头文件包括单链表类 LinkList 的定义,范例程序如下:

```cpp
#ifndef LinkList_H                              //避免重复包含 LinkList.h 头文件
#define LinkList_H
                                                //以下定义单链表的结点
template <class DataType>
struct Node
{
    DataType data;
    Node<DataType> * next;
};
                                                //以下是类 LinkList 的声明
template <class DataType>
class LinkList
{
public:
    LinkList();                                 //建立只有头结点的空链表
    LinkList(DataType a[], int n);              //建立有 n 个元素的单链表
    ~LinkList();                                //析构函数
    int Locate(DataType x);                     //在单链表中查找值为 x 的元素序号
    void Insert(int i, DataType x);             //在第 i 个位置插入元素值为 x 的结点
    DataType Delete(int i);                     //在单链表中删除第 i 个结点
    void PrintList();                           //按序号依次输出各元素
private:
    Node<DataType> * first;                     //单链表的头指针
};
#endif
```

在工程"单链表验证实验"中新建一个源程序文件 LinkList.cpp,该文件包括类 LinkList 中成员函数的定义,范例程序如下:

```cpp
#include <iostream>                             //引入输入输出流
using namespace std;
#include "LinkList.h"                           //引入类 LinkList 的声明
                                                //以下为类 LinkList 的成员函数定义
template <class DataType>
LinkList <DataType>::LinkList()
{
    first = new Node<DataType>;                 //生成头结点
    first->next = NULL;                         //头结点的指针域置空
}


template <class DataType>
LinkList <DataType>::LinkList(DataType a[], int n)
{
    Node <DataType> * r, * s;
    first = new Node<DataType>;                 //生成头结点
```

```cpp
    r = first;                                  //尾指针初始化
    for (int i = 0; i < n; i++)
    {
        s = new Node<DataType>;
        s->data = a[i];                         //为每个数组元素建立一个结点
        r->next = s; r = s;                     //将结点 s 插入到终端结点之后
    }
    r->next = NULL;                             //将终端结点的指针域置空
}

template <class DataType>
LinkList<DataType>::~LinkList()
{
    Node<DataType> * q = NULL;
    while (first != NULL)                       //释放单链表的每一个结点的存储空间
    {
        q = first;                              //暂存被释放结点
        first = first->next;                    //first 指向被释放结点的下一个结点
        delete q;
    }
}

template <class DataType>
void LinkList<DataType>::Insert(int i, DataType x)
{
    Node<DataType> * p = first, * s = NULL;     //工作指针 p 指向头结点
    int count = 0;
    while (p != NULL && count < i-1)            //查找第 i-1 个结点
    {
        p = p->next;                            //工作指针 p 后移
        count++;
    }
    if (p == NULL) throw "位置";                //没有找到第 i-1 个结点
    else {
        s = new Node<DataType>; s->data = x;    //结点 s 的数据域为 x
        s->next = p->next; p->next = s;         //将结点 s 插入到结点 p 之后
    }
}

template <class DataType>
DataType LinkList<DataType>::Delete(int i)
{
    Node<DataType> * p = first, * q = NULL;     //工作指针 p 指向头结点
    DataType x;
    int count = 0;
    while (p != NULL && count < i-1)            //查找第 i-1 个结点
```

```cpp
        {
            p = p->next;
            count ++ ;
        }
        if (p == NULL||p->next == NULL)         //结点 p 或 p 的后继结点不存在
            throw "位置";
        else {
            q = p->next; x = q->data;           //暂存被删结点
            p->next = q->next;                  //摘链
            delete q;
            return x;
        }
}


template <class DataType>
int LinkList<DataType>::Locate(DataType x)
{
        Node<DataType> * p = first->next;       //工作指针 p 初始化
        int count = 1;                          //累加器 count 初始化
        while (p != NULL)
        {
            if (p->data == x) return count;     //查找成功,返回序号
            p = p->next;
            count ++ ;
        }
        return 0;                               //退出循环表明查找失败
}


template <class DataType>
void LinkList<DataType>::PrintList()
{
        Node<DataType> * p = first->next;       //工作指针 p 初始化
        while (p != NULL)
        {
            cout<<p->data<<" ";
            p = p->next;                        //工作指针 p 后移
        }
        cout<<endl;
}
```

在工程"单链表验证实验"中新建一个源程序文件 LinkList_main.cpp,该文件包括主函数,范例程序如下:

```cpp
#include <iostream>                             //引入输入输出流
using namespace std;
#include "LinkList.cpp"                         //引入类 LinkList 的成员函数定义
```

```cpp
                                            //以下为主函数
void main()
{
    int r[5]={1, 2, 3, 4, 5};
    LinkList<int>L(r, 5);
    cout<<"执行插入操作前数据为:"<<endl;
    L.PrintList();                          //显示链表中所有元素
    try
    {
        L.Insert(2, 3);                     //在第 2 个位置插入值为 3 的元素
    }
    catch (char *s)
    {
        cout<<s<<endl;
    }
    cout<<"执行插入操作后数据为:"<<endl;
    L.PrintList();                          //显示单链表的所有元素
    cout<<"值为 5 的元素位置为:";
    cout<<L.Locate(5)<<endl;                //查找元素 5,并返回在单链表中位置
    cout<<"执行删除操作前数据为:"<<endl;
    L.PrintList();                          //显示单链表的所有元素
    try
    {
        L.Delete(1);                        //删除第 1 个元素
    }
    catch (char *s)
    {
        cout<<s<<endl;
    }
    cout<<"执行删除操作后数据为:"<<endl;
    L.PrintList();                          //显示单链表的所有元素
}
```

11.2 设计实验

11.2.1 约瑟夫环问题

1. 问题描述

设有编号为 $1,2,\cdots,n$ 的 $n(n>0)$ 个人围成一个圈,每个人持有一个密码 m,从第 1 个人开始报数,报到 m 时停止报数,报 m 的人出圈,再从他的下一个人起重新报数,报到 m 时停止报数,报 m 的出圈,……,直到所有人全部出圈为止。当任意给定 n 和 m 后,求 n 个人出圈的次序。

2. 基本要求

(1) 建立数据模型,确定存储结构;

(2) 对任意 n 个人，密码为 m，实现约瑟夫环问题；

(3) 出圈的顺序可以依次输出，也可以用一个数组存储。

3. 设计思想

约瑟夫环问题的存储结构。由于约瑟夫环问题本身具有循环性质，考虑采用循环链表，为了统一对表中任意结点的操作，循环链表不带头结点。将循环链表的结点定义为如下结构类型：

```
struct Node
{
    int data;                //编号
    Node * next;
};
```

建立约瑟夫环。建立一个不带头结点的循环链表并由头指针 first 指示，如图 11-1(a) 所示，具体算法与建立单链表类似。

设计约瑟夫环算法实现出圈。下面给出算法的伪代码描述，操作示意图如图 11-1 所示。

> 1. 工作指针 pre 和 p 初始化，计数器 count 初始化；
>   pre=first; p=first->next; count=2;
> 2. 循环直到 p 等于 pre
>   2.1 如果 count 等于 m，则
>   2.1.1 输出结点 p 的编号；
>   2.1.2 删除结点 p；p=pre->next；
>   2.1.3 计数器 count 重新开始计数；
>   2.2 否则，执行
>   2.2.1 工作指针 pre 和 p 后移；
>   2.2.2 计数器 count 增 1；
> 3. 退出循环，链表中只剩下一个结点 p，输出结点 p 后将结点 p 删除；

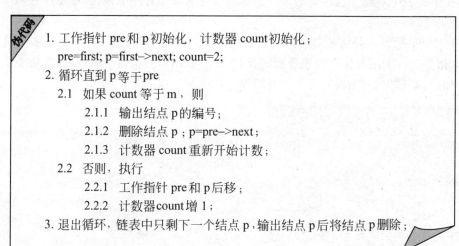

(a) 建立约瑟夫环

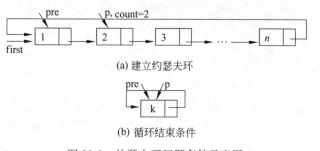

(b) 循环结束条件

图 11-1　约瑟夫环问题存储示意图

4. 思考题

(1) 采用顺序存储结构如何实现约瑟夫环问题？

(2) 可以建立一个由尾指针 rear 指示的不带头结点的循环链表，则初始时就可以从

1开始计数,实现这个算法。

(3) 如果每个人持有的密码不同,应如何实现约瑟夫环问题?

11.2.2 用单链表实现集合的操作

1. 问题描述

用有序单链表实现集合的判等、交、并和差等基本运算。

2. 基本要求

(1) 对集合中的元素用有序单链表进行存储;

(2) 实现交、并、差等基本运算时,不能另外申请存储空间;

(3) 充分利用单链表的有序性,要求算法有较好的时间性能。

3. 设计思想

集合是由互不相同的元素构成的一个整体,在集合中,元素之间可以没有任何关系,所以,集合也可作为线性表处理。用单链表实现集合的操作,需要注意集合中元素的唯一性,即在单链表中不存在值相同的结点。本实验要求采用有序单链表,还要注意利用单链表的有序性。

(1) 判断 A 和 B 是否相等。两个集合相等的条件是不仅长度相同,而且各个对应的元素也相等。由于用有序单链表表示集合,所以只要同步扫描两个单链表,若从头至尾每个对应的元素都相等,则表明两个集合相等。具体算法如下:

判断集合相等算法 IsEqual

```
int IsEqual(Node * A, Node * B)        //A和B分别是两个单链表的头指针
{
  pa = A->next; pb = B->next;
  while (pa != NULL && pb != NULL)
  {
    if (pa->data == pb->data) {
      pa = pa->next;
      pb = pb->next;
    }
    else break;
  }
  if (pa == NULL && pb == NULL) return 1;
  else return 0;
}
```

(2) 求集合 A 和 B 的交集。根据集合的运算规则,集合 $A \cap B$ 中包含所有既属于集合 A 又属于集合 B 的元素,因此,需查找单链表 A 和 B 中的相同元素并保留在单链表 A 中。由于用有序单链表表示集合,因此判断某元素是否在 B 中不需要遍历表 B,而是从上次搜索到的位置开始,若在搜索过程中,遇到一个其值比该元素大的结点,便可断定该元素不在单链表中,为此,需用两个指针 p、q 分别指向当前被比较的两个结点,会出现以

下三种情况：

① 若 p->data>q->data，说明还未找到，需在表 B 中继续查找；
② 若 p->data<q->data，说明表 B 中无此值，处理表 A 中下一结点；
③ 若 p->data=q->data，说明找到了公共元素。

具体算法如下：

求集合的交集算法 Interest
```
void Interest(Node * A, Node * B)
{       //A、B分别是两个单链表的头指针,最后的结果在单链表 A 中
  pre = A; p = A->next; q = B->next;
  while (p ! = NULL && q ! = NULL)
  {
      if (p->data < q->data){
          pre->next = p->next;
          delete p;
          p = pre->next;
      }
      else if (p->dat > q->data) q = q->next;
          else {
              p = p->next;
              q = q->next;
          }
  }
}
```

（3）求集合 A 和 B 的并集。根据集合的运算规则，集合 A∪B 中包含所有或属于集合 A 或属于集合 B 的元素。因此，对单链表 B 中的每个元素 x，在单链表 A 中进行查找，若存在和 x 不相同的元素，则将该结点插入到单链表 A 中。算法请参照求集合的交集自行设计。

（4）求集合 A 和 B 的差集。根据集合的运算规则，集合 A-B 中包含所有属于集合 A 而不属于集合 B 的元素。因此，对单链表 B 中的每个元素 x，在单链表 A 中进行查找，若存在和 x 相同的结点，则将该结点从单链表 A 中删除。算法请参照求集合的交集自行设计。

在主函数中，首先建立两个有序单链表表示集合 A 和 B，然后依次调用相应函数实现集合的判等、交、并和差等运算，并输出运算结果。单链表的结点结构和建立算法请参见主教材 2.3.1 节。

注意：利用头插法建立有序单链表，实参数组应该是降序排列，利用尾插法建立有序单链表，实参数组应该是升序排列。

4. 思考题

（1）如果要求将交、并、差等运算的结果保存在一个新的有序单链表中，应如何修改算法？
（2）如果表示集合的单链表是无序的，应如何实现集合的判等、交、并和差等基本运

算？时间性能如何？

11.3 综合实验

11.3.1 大整数的代数运算

1. 问题描述

C/C++ 语言中的 int 类型能表示的整数范围是 $-2^{31} \sim 2^{31}-1$，unsigned int 类型能表示的整数范围是 $0 \sim 2^{32}-1$，即 $0 \sim 4\,294\,967\,295$，所以，int 和 unsigned int 类型都不能存储超过 10 位的整数。有些问题需要处理的整数远远不止 10 位，这种大整数用 C/C++ 语言的基本数据类型无法直接表示。请编写算法完成两个大整数的加、减、乘和除等基本的代数运算。

2. 基本要求

(1) 大整数的长度在 100 位以下；
(2) 设计存储结构表示大整数；
(3) 设计算法实现两个大整数的加、减、乘和除等基本的代数运算；
(4) 分析算法的时间复杂度和空间复杂度。

3. 设计思想

处理大整数的一般方法是用数组存储大整数，即开一个比较大的整型数组，数组元素代表大整数的一位，通过数组元素的运算模拟大整数的运算。根据计算的方便性决定将大整数由低位到高位还是由高位到低位存储到数组中，例如乘法是由低位到高位进行运算，并且可能要向高位产生进位，所以应该由低位到高位存储。如果从键盘输入大整数，一般用字符数组存储，这样无需对大整数进行分段输入，当然输入到字符数组后需要将字符转换为数字。下面讨论大整数的加法运算，其他操作请读者自行完成。

已知大整数 $A = a_1 a_2 \cdots a_n$，$B = b_1 b_2 \cdots b_m$，求 $C = A + B$。可以用两个顺序表 A 和 B 分别存储两个大整数，用顺序表 C 存储求和的结果。为了便于执行加法运算，可以将大整数的低位存储到顺序表的低端，顺序表的长度表示大整数的位数。图 11-2 给出了大整数求和的操作示意图，算法的伪代码描述如下：

1. 初始化进位标志 flag = 0；
2. 求大整数 A 和 B 的长度：n = A.length; m = B.length；
3. 从个位开始逐位进行第 i 位的加法，直到 A 或 B 计算完毕
    3.1   计算第 i 位的值：C.data[i] = (A.data[i] + B.data[i] + flag)%10；
    3.2   计算该位的进位：flag = (A.data[i] + B.data[i] + flag)/10；
4. 计算大整数 A 或 B 余下的部分；
5. 计算结果的位数；

图 11-2 大整数加法的操作过程(个位存储在数组下标为 0 的数组单元)

11.3.2 一元多项式相加

1. 问题描述

已知 $A(x)=a_0+a_1x+a_2x^2+\cdots+a_nx^n$ 和 $B(x)=b_0+b_1x+b_2x^2+\cdots+b_mx^m$,并且在 $A(x)$ 和 $B(x)$ 中指数相差很多,求 $A(x)=A(x)+B(x)$。

2. 基本要求

(1) 设计存储结构表示一元多项式;

(2) 设计算法实现一元多项式相加;

(3) 分析算法的时间复杂度和空间复杂度。

3. 设计思想

一元多项式求和实质上是合并同类项的过程,其运算规则为:(1) 若两项的指数相等,则系数相加;(2) 若两项的指数不等,则将两项加在结果中。

一元多项式 $A(x)=a_0+a_1x+a_2x^2+\cdots+a_nx^n$ 由 $n+1$ 个系数唯一确定,因此,可以用一个线性表$(a_0,a_1,a_2,\cdots,a_n)$来表示,每一项的指数 i 隐含在其系数 a_i 的序号里。但是,当多项式的指数很高且变化很大时,在表示多项式的线性表中就会存在很多 0 元素。一个较好的存储方法是只存非 0 元素,但是需要在存储非 0 元素系数的同时存储相应的指数。这样,一个一元多项式的每一个非 0 项可由系数和指数唯一表示。

由于两个一元多项式相加后,会改变多项式的系数和指数,因此采用顺序表不合适。采用单链表存储,则每一个非 0 项对应单链表中的一个结点,且单链表应按指数递增有序排列。结点结构如图 11-3 所示。

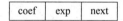

图 11-3 一元多项式单链表的结点结构

其中:

coef 是系数域,存放非 0 项的系数;

exp 是指数域,存放非 0 项的指数;

next 是指针域,存放指向下一结点的指针。

将两个一元多项式用两个单链表存储后,如何实现二者相加呢?

设两个工作指针 p 和 q,分别指向两个单链表的开始结点。通过对结点 p 的指数域

和结点 q 的指数域进行比较进行同类项合并,则出现下列三种情况:

(1) 若 p—>exp 小于 q—>exp,则结点 p 应为结果中的一个结点。

(2) 若 p—>exp 大于 q—>exp,则结点 q 应为结果中的一个结点,将 q 插入到第一个链表中结点 p 之前。

(3) 若 p—>exp 等于 q—>exp,则结点 p 与结点 q 为同类项,将 q 的系数加到 p 的系数上。若相加结果不为 0,则结点 p 应为结果中的一个结点,同时删除结点 q;若相加结果为 0,则表明结果中无此项,删除结点 p 和结点 q。

算法的伪代码描述如下:

1. 初始化工作指针 p 和 q;
2. while（p 和 q 非空）执行下列三种情形之一:
  2.1 如果 p->exp 小于 q->exp,则指针 p 后移;
  2.2 如果 p->exp 大于 q->exp,则
    2.2.1 将结点 q 插入到结点 p 之前;
    2.2.2 指针 q 指向原指结点的下一个结点;
  2.3 如果 p->exp 等于 q->exp,则
    2.3.1 p->coef =p->coef+q->coef;
    2.3.2 如果 p->coef 等于 0,则执行下列操作,否则指针 p 后移;
      2.3.2.1 删除结点 p;
      2.3.2.2 使指针 p 指向它原指结点的下一个结点;
    2.3.3 删除结点 q;
    2.3.4 使指针 q 指向它原指结点的下一个结点;
3. 如果 q 不为空,将结点 q 链接在第一个单链表的后面;

4. 思考题

用顺序表如何实现两个多项式相加?设计算法并与单链表实现进行比较。

第 12 章 栈和队列实验

本章的实验内容围绕两种特殊线性表——栈和队列展开。

栈和队列广泛应用在各种软件系统中,掌握栈和队列的存储结构及基本操作的实现是以栈和队列作为数据结构解决实际问题的基础,尤其栈和队列有很多经典应用,深刻理解并实现这些经典应用,对于提高数据结构和算法的应用能力具有很重要的作用。

12.1 验证实验

12.1.1 顺序栈的实现

1. 实验目的

(1) 掌握栈的顺序存储结构;
(2) 验证顺序栈及其基本操作的实现;
(3) 验证栈的操作特性。

2. 实验内容

(1) 建立一个空栈;
(2) 对已建立的栈进行插入、删除、取栈顶元素等基本操作。

3. 实现提示

定义顺序栈的数据类型——顺序栈类 SeqStack,包括入栈、出栈、取栈顶元素等基本操作。顺序栈类 SeqStack 的定义以及基本操作的算法请参见主教材 3.1.2 节。本节的实验采用模板实现,要求学生:

(1) 假设栈元素为字符型,修改主函数;
(2) 重新设计测试数据,考查栈的上溢、下溢等情况,修改主函数。

4. 实验程序

在 VC++ 编程环境下新建一个工程"顺序栈验证实验",在该工程中新建一个头文件 SeqStack.h,该头文件包括顺序栈类 SeqStack 的定义,范例程序如下:

```cpp
#ifndef SeqStack_H                          //避免重复包含 SeqStack.h 头文件
#define SeqStack _H
const int StackSize = 10;                   //栈最多有 10 个元素
template <class DataType>                   //定义模板类 SeqStack
class SeqStack
{
public:
    SeqStack();                             //构造函数,栈的初始化
    ~SeqStack(){}                           //析构函数
    void Push(DataType x);                  //将元素 x 入栈
    DataType Pop();                         //将栈顶元素弹出
    DataType GetTop();                      //取栈顶元素(并不删除)
    int Empty();                            //判断栈是否为空
private:
    DataType data[StackSize];               //存放栈元素的数组
    int top;                                //栈顶指针,指示栈顶元素在数组中的下标
};
#endif
```

在工程"顺序栈验证实验"中新建一个源程序文件 SeqStack.cpp,该文件包括类 SeqStack 中成员函数的定义,范例程序如下:

```cpp
#include "SeqStack.h"                       //引入类 SeqStack 的声明
                                            //以下是类 SeqStack 的成员函数定义
template <class DataType>
SeqStack<DataType>::SeqStack()
{
    top = -1;
}


template <class DataType>
void SeqStack<DataType>::Push(DataType x)
{
    if (top == StackSize - 1) throw "上溢";
    top ++ ;
    data[top] = x;
}


template <class DataType>
DataType SeqStack<DataType>::Pop()
{
    DataType x;
    if (top == -1) throw "下溢";
    x = data[top -- ];
    return x;
```

}

```cpp
template <class DataType>
DataType SeqStack<DataType>::GetTop()
{
    if (top != -1)
    return data[top];
}

template <class DataType>
int SeqStack<DataType>::Empty()
{
    if (top == -1) return 1;
    else return 0;
}
```

在工程"顺序栈验证实验"中新建一个源程序文件 SeqStack_main.cpp,该文件包括主函数,范例程序如下:

```cpp
#include <iostream>                          //引入输入输出流
using namespace std;
#include "SeqStack.cpp"                      //引入类 SeqStack 的成员函数定义
                                             //以下是主函数
void main()
{
    SeqStack<int> S;                         //创建模板类的实例
    if (S.Empty())
        cout<<"栈为空"<<endl;
    else
        cout<<"栈非空"<<endl;
    cout<<"对 15 和 10 执行入栈操作"<<endl;
    S.Push(15);
    S.Push(10);
    cout<<"栈顶元素为:"<<endl;               //取栈顶元素
    cout<<S.GetTop()<<endl;
    cout<<"执行一次出栈操作"<<endl;
    S.Pop();                                 //执行出栈操作
    cout<<"栈顶元素为:"<<endl;
    cout<<S.GetTop()<<endl;
}
```

12.1.2 链队列的实现

1. 实验目的

(1) 掌握队列的链接存储结构;

(2) 验证链队列的存储结构和基本操作的实现;
(3) 验证队列的操作特性。

2. 实验内容

(1) 建立一个空队列;
(2) 对已建立的队列进行插入、删除、取队头元素等基本操作。

3. 实现提示

定义链队列的数据类型——链队列类 LinkQueue,包括入队、出队、取队头元素等基本操作。链队列类 LinkQueue 的定义以及基本操作的算法请参见主教材 3.2.3 节。

4. 实验程序

在 VC++ 编程环境下新建一个工程"链队列验证实验",在该工程中新建一个头文件 LinkQueue.h,该头文件包括链队列类 LinkQueue 的定义,范例程序如下:

```cpp
#ifndef LinkQueue_H                    //避免重复包含 LinkQueue.h 头文件
#define LinkQueue_H
                                       //以下定义链队列的结点
template <class DataType>
struct Node
{
    DataType data;
    Node<DataType> * next;
};
                                       //以下是链队列类 LinkQueue 的声明
template <class DataType>
class LinkQueue
{
public:
    LinkQueue();                       //构造函数,初始化一个空的链队列
    ~LinkQueue();                      //析构函数,释放链队列中各结点的存储空间
    void EnQueue(DataType x);          //将元素 x 入队
    DataType DeQueue();                //将队头元素出队
    DataType GetQueue();               //取链队列的队头元素
    int Empty();                       //判断链队列是否为空
private:
    Node<DataType> * front, * rear;    //队头和队尾指针
};
#endif
```

在工程"链队列验证实验"中新建一个源程序文件 LinkQueue.cpp,该文件包括类 LinkQueue 中成员函数的定义,范例程序如下:

```cpp
#include "LinkQueue.h"                 //引入类 LinkQueue 的声明
                                       //以下定义类 LinkQueue 的成员函数
template <class DataType>
```

```cpp
LinkQueue<DataType>::LinkQueue()
{
    Node<DataType> *s = NULL;
    s = new Node<DataType>;
    s->next = NULL;
    front = rear = s;
}

template <class DataType>
LinkQueue<DataType>::~LinkQueue()
{
    Node<DataType> *p = NULL;
    while (front != NULL)
    {
        p = front->next;
        delete front;
        front = p;
    }
}

template <class DataType>
void LinkQueue<DataType>::EnQueue(DataType x)
{
    Node<DataType> *s = NULL;
    s = new Node<DataType>;
    s->data = x;                          //申请一个数据域为 x 的结点 s
    s->next = NULL;
    rear->next = s; rear = s;             //将结点 s 插入到队尾
}

template <class DataType>
DataType LinkQueue<DataType>::DeQueue()
{
    Node<DataType> *p = NULL;
    int x;
    if (rear == front) throw "下溢";
    p = front->next;
    x = p->data;                          //暂存队头元素
    front->next = p->next;                //将队头元素所在结点摘链
    if (p->next == NULL) rear = front;    //判断出队前队列长度是否为 1
    delete p;
    return x;
}

template <class DataType>
DataType LinkQueue<DataType>::GetQueue()
```

```cpp
{
    if (front != rear)
        return front->next->data;
}

template <class DataType>
int LinkQueue<DataType>::Empty()
{
    if (front == rear)
        return 1;
    else
        return 0;
}
```

在工程"链队列验证实验"中新建一个源程序文件 LinkQueue_main.cpp,该文件包括主函数,范例程序如下:

```cpp
#include <iostream>                    //引入输入输出流
using namespace std;
#include "LinkQueue.cpp"               //引入类 LinkQueue 的成员函数定义
                                       //以下是主函数
void main()
{
    LinkQueue<int> Q;                  //创建模板类的实例
    if (Q.Empty())
        cout<<"队列为空"<<endl;
    else
        cout<<"队列非空"<<endl;
    cout<<"元素10和15执行入队操作:"<<endl;
    try
    {
        Q.EnQueue(10);                 //入队操作
        Q.EnQueue(15);
    }
    catch (char * wrong)
    {
        cout<<wrong<<endl;;
    }
    cout<<"查看队头元素:"<<endl;
    cout<<Q.GetQueue()<<endl;          //读队头元素
    cout<<"执行出队操作:"<<endl;       //出队操作
    try
    {
        Q.DeQueue();
    }
```

```
        catch(char * wrong)
        {
            cout<<wrong<<endl;
        }
        cout<<"查看队头元素:"<<endl;
        cout<<Q.GetQueue()<<endl;
}
```

12.2 设计实验

12.2.1 汉诺塔问题

1. 问题描述

汉诺塔问题来自一个古老的传说:在世界刚被创建的时候有一座钻石宝塔(塔 A),其上有 64 个金碟。所有碟子按从大到小的次序从塔底堆放至塔顶。紧挨着这座塔有另外两个钻石宝塔(塔 B 和塔 C)。从世界创始之日起,婆罗门的牧师们就一直在试图把塔 A 上的碟子移动到塔 C 上去,其间借助于塔 B 的帮助。每次只能移动一个碟子,任何时候都不能把一个碟子放在比它小的碟子上面。当牧师们完成任务时,世界末日也就到了。

2. 基本要求

(1) 设计数据结构,表示三座宝塔和 n 个碟子;
(2) 输出每一次移动碟子的情况;
(3) 分析算法的时间性能。

3. 设计思想

对于汉诺塔问题的求解,可以通过以下三个步骤实现:
(1) 将塔 A 上的 $n-1$ 个碟子借助塔 C 先移到塔 B 上;
(2) 把塔 A 上剩下的一个碟子移到塔 C 上;
(3) 将 $n-1$ 个碟子从塔 B 借助于塔 A 移到塔 C 上。
显然,这是一个递归求解的过程,当 $n=3$ 时的求解过程如图 12-1 所示。

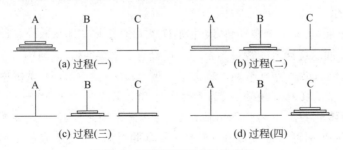

图 12-1 汉诺塔问题求解示意图

三座宝塔(塔 A、塔 B、塔 C)分别用三个字符型变量 A,B,C 来表示,n 个碟子用从 1 开始的连续自然数编号。具体算法如下:

> **汉诺塔算法 Hanoi**
>
> ```
> void Hanoi(int n, char A, char B, char C)
> {
>   if (n == 1) cout<<A<<" -- > "<<C;              //将碟子从 A 移到 C 上
>   else {
>     Hanoi(n-1, A, C, B);
>     cout<<A<<" -- > "<<C;
>     Hanoi(n-1, B, A, C);
>   }
> }
> ```

4. 思考题

能设计一个非递归算法解决汉诺塔问题吗？

12.2.2 火车车厢重排问题

1. 问题描述

一列货运列车共有 n 节车厢，每节车厢将停放在不同的车站。假定 n 个车站的编号分别为 $1\sim n$，即货运列车按照第 n 站至第 1 站的次序经过这些车站。为了便于从列车上卸掉相应的车厢，车厢的编号应与车站的编号相同，这样，在每个车站只需卸掉最后一节车厢。所以，给定任意次序的车厢，必须重新排列它们。

车厢的重排工作可以通过转轨站完成。在转轨站中有一个入轨、一个出轨和 k 个缓冲轨，缓冲轨位于入轨和出轨之间。假定缓冲轨按先进先出的方式工作，设计算法解决火车车厢重排问题。

2. 基本要求

(1) 设计存储结构表示 n 个车厢、k 个缓冲轨以及入轨和出轨；

(2) 设计并实现车厢重排算法；

(3) 分析算法的时间性能。

3. 设计思想

为了重排车厢，若有 k 个缓冲轨，缓冲轨 H_k 为可直接将车厢从入轨移动到出轨的通道，则可用来暂存车厢的缓冲轨的数目为 $k-1$。假设有 3 个缓冲轨，入轨中有 9 节车厢，次序为 5,8,1,7,4,2,9,6,3，重排后，9 节厢出轨次序为 9,8,7,6,5,4,3,2,1。重排过程如下：

3 号车厢不能直接移至出轨（因为 1 号车厢和 2 号车厢必须排在 3 号车厢之前），因此，把 3 号车厢移至 H_1。6 号车厢可放在 H_1 中 3 号车厢之后（因 6 号车厢将在 3 号车厢之后出轨）。9 号车厢可以继续放在 H_1 中 6 号车厢之后，而接下来的 2 号车厢不能放在 9 号车厢之后（因为 2 号车厢必须在 9 号车厢之前出轨）。因此，应把 2 号车厢移至 H_2。4 号车厢可以放在 H_2 中 2 号车厢之后，7 号车厢可以继续放在 4 号车厢之后，如图 12-2(a) 所示。至此，1 号车厢可通过 H_3 直接移至出轨，然后从 H_2 移动 2 号车厢至出轨，从 H_1 移动 3 号车厢至出轨，从 H_2 移动 4 号车厢至出轨，如图 12-2(b) 所示。由于 5 号车厢此时仍在入轨中，所以把 8 号车厢移动至 H_2，这样就可以把 5 号车厢直接从入轨移至出轨，如图 12-2(c)所示。此后，可依次从缓冲轨中移出 6 号、7 号、8 号和 9 号车厢。

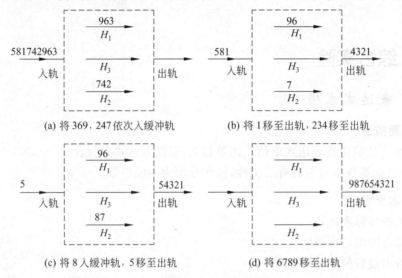

图 12-2　火车车厢重排过程

由上述重排过程可知：在把车厢 c 移至缓冲轨时，车厢 c 应移动到这样的缓冲轨中：该缓冲轨中队尾车厢的编号小于 c；如果有多个缓冲轨满足这一条件，则选择队尾车厢编号最大的缓冲轨；否则选择一个空的缓冲轨。算法如下：

1. 分别对 k 个缓冲轨队列初始化；
2. 初始化下一个要输出的车厢编号 nowOut = 1；
3. 依次取入轨中的每一个车厢的编号：
　　for (i=1; i<=n; i++)
　3.1　如果入轨中的车厢编号等于 nowOut，则
　　　3.1.1　输出该车厢；
　　　3.1.2　nowOut++；
　3.2　如果入轨中的车厢编号不等于 nowOut，则考察每一个缓冲轨队列：
　　　for (j=1; j<=k; j++)
　　3.2.1　取队列 j 的队头元素 c；
　　3.2.2　如果 c 等于 nowOut，则
　　　　3.2.2.1　将队列 j 的队头元素出队并输出；
　　　　3.2.2.2　nowOut++；
　3.3　如果入轨和缓冲轨的队头中没有编号为 nowOut 的车厢，则
　　　3.3.1　比较 k 个队尾元素，求最大队尾元素所在队列编号 j；
　　　3.3.2　如果入轨中第一个车厢的编号小于缓冲轨 j 中队尾车厢编号，
　　　　　　则车厢无法重排，算法结束；
　　　3.3.3　否则，把入轨中的第一个车厢移至缓冲轨 j；

4. 思考题

如果缓冲轨按后进先出的方式工作，即用栈表示缓冲轨，应如何解决火车车厢重排问题？

12.3 综合实验

12.3.1 表达式求值

1. 问题描述

对一个合法的中辍表达式求值。简单起见，假设表达式只包含＋，－，×，÷等4个双目运算符，且运算符本身不具有二义性，操作数均为一位整数。

2. 基本要求

（1）正确解释表达式；

（2）符合四则运算规则；

（3）输出最后的计算结果。

3. 设计思想

对中辍表达式求值，通常使用"算符优先算法"。根据四则运算规则，在运算的每一步中，任意两个相继出现的运算符 t 和 c 之间的优先关系至多是下面三种关系之一：

（1）t 的优先级低于 c；

（2）t 的优先级等于 c；

（3）t 的优先级高于 c。

为实现算符优先算法，可以使用两个工作栈：一个栈 OPTR 存放运算符；另一个栈 OPND 存放操作数，中辍表达式用一个字符串数组存储。算法的伪代码描述如下：

1. 初始化：栈OPTR中只有一个元素'#'，栈OPND为空栈；
2. 依次读入字符，执行下述操作：
       2.1 ch = 读入的字符；
       2.2 若ch是'#'，则算法结束，返回栈OPND的栈顶元素；
       2.3 若ch不是运算符，则将ch入栈OPND；
       2.4 若ch是运算符，则
           2.4.1 t = 栈OPTR的栈顶元素；
           2.4.2 比较ch和t的优先级，执行下述三种操作之一：
               （1）若ch等于t：将栈OPTR的栈顶元素出栈；
               （2）若ch大于t：将ch插入栈OPTR中；
               （3）若ch小于t：在栈OPND中弹出两个元素，与ch进行
                   运算，将结果插入栈OPND中；

4. 思考题

(1) 如果要求输出每一步的计算过程,应如何修改算法?

(2) 如果运算符包含括号且括号可以嵌套,应如何修改算法?

(3) 如果操作数可以是多位整数,应如何修改算法?

12.3.2 迷宫问题

1. 问题描述

迷宫求解是实验心理学中的一个经典问题,心理学家把一只老鼠从一个无顶盖的大盒子的入口处赶进迷宫,迷宫中设置很多隔壁,对前进方向形成了多处障碍,假设前进的方向有 4 个,分别是上、下、左、右,心理学家在迷宫的唯一出口处放置了一块奶酪,吸引老鼠在迷宫中寻找通路以到达出口。例如,图 12-3 所示为一个迷宫示意图。

2. 基本要求

(1) 设计数据结构存储迷宫;

(2) 设计存储结构保存从入口到出口的通路;

(3) 设计算法完成迷宫问题的求解;

(4) 分析算法的时间复杂度。

3. 设计思想

可以将迷宫定义成一个二维数组,其中元素值为 1 表示有障碍,元素值为 0 表示没有障碍。为了表示四周的围墙,二维数组四周的数组元素均为 1,如图 12-4 所示,其中双边矩形表示迷宫,1 代表有障碍,0 代表无障碍,前进的方向有 4 个,分别是上、下、左、右。

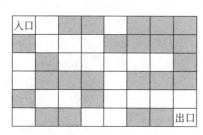

图 12-3 迷宫示意图

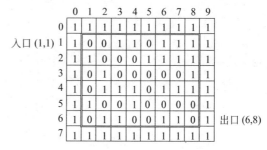

图 12-4 二维数组表示迷宫

由于每个点有 4 个试探方向,设当前点的坐标是 (x,y),与其相邻的 4 个点的坐标都可根据与该点的相邻方位而得到,规定试探顺序为顺时针方向,将这 4 个方向的坐标增量放在一个结构数组 move[4] 中,在 move 数组中,每个元素由两个域组成:x 表示横坐标增量,y 表示纵坐标增量,则从某点 (x,y) 按某一方向 $v(0 \leqslant v \leqslant 3)$ 到达新点 (i,j) 的坐标的关系为:$i = x + \text{move}[v].x; j = y + \text{move}[v].y$。

可以采用回溯法实现该问题的求解。回溯法是一种不断试探及时纠正错误的搜索方法。从入口出发,按某一方向向前探索,若能走通(未走过的),即某处可以到达,则到达新点，否则试探下一方向；若所有的方向均没有通路，则沿原路返回前一点，换下一个方向再继续试探，直到所有可能的通路都搜索到，或找到一条通路，或无路可走又返回到入口点。在求解过程中，为了保证在任何位置上都能沿原路退回，需要一个后进先出的栈来保存从入口到当前位置的路径。算法的伪代码描述如下：

1. 栈初始化；
2. 将入口点坐标(x,y)及该点的方向d（设为–1）入栈；
3. 当栈不空时循环执行下述操作：
    3.1 (x,y,d)<==栈顶元素出栈；
    3.2 求出下一个要试探的方向d++；
    3.3 沿顺时针试探每一个方向，执行下述操作：
        3.3.1 如果方向d可走，则
            3.3.1.1 将(x,y,d)入栈；
            3.3.1.2 求新点坐标(i,j)；
            3.3.1.3 将新点(i,j)切换为当前点(x,y)；
            3.3.1.4 若(x,y)是终点，则算法结束；否则，重置d=0；
        3.3.2 否则，试探下一个方向d++；

4．思考题

（1）如何记录栈的每一个变化状态（即搜索的详细过程）？

（2）如果前进的方向有8个，分别是上、下、左、右、左上、左下、右上、右下，如何修改算法实现迷宫求解？

第13章 字符串和多维数组实验

在大多数高级语言中都提供了字符串变量并实现了串的基本操作,但在实际应用中,字符串往往具有不同的特点,要实现字符串的处理,就必须根据具体情况采用(或设计)合适的存储结构。本章安排的有关字符串的实验是灵活运用串的基础。

数组是人们非常熟悉的基本数据结构,科学计算中的矩阵在程序设计语言中就是采用二维数组实现的。通过本章的验证实验和设计实验,巩固对特殊矩阵压缩存储方法的理解和运用,在综合实验中安排了两个利用数组实现的简单游戏,从而理解数组在实际问题中的应用。

13.1 验证实验

13.1.1 串操作的实现

1. 实验目的

(1) 掌握串的顺序存储结构;
(2) 验证顺序串及其基本操作的实现;
(3) 掌握串的操作特点。

2. 实验内容

(1) 定义一个包含串的求长度、拼接、比较大小等基本操作的头文件函数原型;
(2) 实现串的求长度、拼接、比较大小等基本操作。

3. 实现提示

在 C/C++ 语言中,采用顺序存储结构来存储字符串,并且字符串的尾部存储一个特殊字符'\0'(ASCII 码为 0)作为串的终结符。字符串的操作本质上属于数组的操作,需要注意如下两点:

(1) 由于没有存储串的长度,因此,通常以终结符作为循环条件;
(2) 可以设置一个指针指向存储字符串的起始地址,通过指针实现对字符串中特定字符的操作。

4. 实验程序

在 VC++ 编程环境下新建一个工程"串操作的实现",在该工程中新建一个头文件 str.h,该头文件包括与串的基本操作对应的函数声明,范例程序如下:

```
# ifndef Str_H                          //避免重复包含 str.h 头文件
# define Str_H
int strlen(char * s);                   //函数原型,求串的长度
char * strcat(char * s1, char * s2);    //函数原型,将字符串 s2 拼接到 s1 的后面
int strcmp(char * s1, char * s2);       //函数原型,比较字符串 s1 和 s2 的大小
# endif
```

在工程"串操作的实现"中新建一个源程序文件 str.cpp,该文件包括与串的基本操作对应的函数定义,范例程序如下:

```
# include "str.h"
int strlen(char * s)
{
    char * p = s;               //指针 p 指向字符串 s 的起始地址
    int len = 0;
    while ( *p != '\0')
    {
        len ++ ;
        p ++ ;
    }
    return len;
}

char * strcat(char * s1, char * s2)
{
    char * p = s1, * q = s2;
    while ( *p != '\0')         //将指针 p 移到字符串 s1 的尾部
        p ++;
    while ( *q != '\0')
    {
        *p = *q;                //将 q 指向的字符复制到指针 p 指向的位置
        p ++; q ++;
    }
    *p = '\0';
    return s1;
}

int strcmp(char * s1, char * s2)
{
```

```cpp
        char *p = s1, *q = s2;
        while (*p != '\0' && *q != '\0')
        {
            if (*p > *q)                    //p指向的字符>q指向的字符,则s1>s2
                return 1;
            else if (*p < *q)               //p指向的字符<q指向的字符,则s1<s2
                return -1;
            else {p++; q++;}
        }
        if (*p == '\0' && *q == '\0')       //s1和s2的长度相同
            return 0;
        if (*p != '\0')                     //s1尚有未比较的字符
            return 1;
        if (*q != '\0')                     //s2尚有未比较的字符
            return -1;
    }
```

在工程"串操作的实现"中新建一个源程序文件 str_main.cpp,该文件包括主函数,在主函数中调用串的基本操作,范例程序如下:

```cpp
#include <iostream>                         //引入输入输出流
#include "str.h"                            //引入字符串基本操作的函数原型
using namespace std;
                                            //以下为主函数
int main()
{
    char ch[20] = "I love ", *str = "China!";
    cout<<strlen(ch)<<endl;
    cout<<strlen(str)<<endl;
    cout<<strcmp(ch, str)<<endl;
    cout<<strcmp(str, ch)<<endl;
    strcat(ch, str);
    for (int i = 0; ch[i] != '\0'; i++)
        cout<<ch[i];
    cout<<endl;
    return 0;
}
```

13.1.2 对称矩阵的压缩存储

1. 实验目的

(1) 掌握对称矩阵的压缩存储方法;
(2) 验证对称矩阵压缩存储的寻址方法。

2. 实验内容

(1) 建立一个 $n \times n$ 的对称矩阵 A;

(2) 将对称矩阵用一维数组 SA 存储；
(3) 在数组 SA 中实现对矩阵 A 的任意元素进行存取操作。

3. 实现提示

首先建立一个 $n \times n$ 的对称矩阵 A 并初始化矩阵的元素。对称矩阵只需存储下三角部分，即将一个 $n \times n$ 的对称矩阵用一个大小为 $n \times (n+1)/2$ 的一维数组 SA 来存储，则下三角中的元素 $a_{ij}(i \geqslant j)$ 在 SA 中的下标 k 与 i、j 的关系为 $k = i \times (i-1)/2 + j$。

4. 实验程序

由于程序非常简单，可以采用单文件结构。在 VC++ 编程环境下新建一个源程序文件"对称矩阵的压缩存储"，范例程序如下：

```cpp
#include <iostream>                              //引入输入输出流
using namespace std;
const int N = 5;                                 //对 N 阶对称矩阵进行压缩存储
int main()
{
    int A[N][N], SA[N*(N+1)/2] = {0};
    int i, j;
    for (i = 0; i < N; i++)                      //生成对称矩阵 A 的各个元素
        for (j = 0; j <= i; j++)
            A[i][j] = A[j][i] = i + j;
    for (i = 0; i < N; i++)                      //输出对称矩阵 A
    {
        for (j = 0; j < N; j++)
            cout << A[i][j] << " ";
        cout << endl;
    }
    for (i = 0; i < N; i++)                      //将对称矩阵 A 进行压缩存储
        for (j = 0; j <= i; j++)
            SA[i*(i-1)/2 + j] = a[i][j];
    cout << "请输入行号和列号：";                  //输出对称矩阵 A 的任意元素
    cin >> i >> j;
    cout << i << "行" << j << "列的元素值是：";
    if (i >= j)                                  //元素 A[i][j] 在主对角线的下面
        cout << SA[i*(i-1)/2 + j] << endl;
    else                                         //元素 A[i][j] 在主对角线的上面
        cout << SA[j*(j-1)/2 + i] << endl;
    return 0;
}
```

13.2 设计实验

13.2.1 统计文本中单词的个数

1. 问题描述

一个文本可以看成是一个字符序列，在这个序列中，有效字符被空格分隔为一个个单词。设计算法统计文本中单词的个数。

2. 基本要求

(1) 被处理文本的内容可以由键盘读入；

(2) 可以读取任意文本内容，包括英文、汉字等；

(3) 设计算法统计文本中的单词个数；

(4) 分析算法的时间性能。

3. 设计思想

设置一个计数器count统计文本中单词的个数。在逐个读入和检查字符时，需要区分当前字符是否是空格。不是空格的字符一定是某个单词的一部分，空格的作用就是分隔单词。但即使当前字符不是空格，它是不是新词的开始还依赖于前一字符是否是空格，只有当前字符是单词的首字符时，才可以给计数器加1。因此，读取的字符有两种不同的状态：

(1) state=1，读入过程处在单词之外，如果遇到非空格字符，则是新词；

(2) state=0，读入过程处在某单词的内部，则不会遇到新词。

因此，需要设置一个变量state表示读入字符的状态，算法用伪代码描述如下：

1. 初始化计数器count = 0；初始化读取字符的状态state = 1；
2. 当文本未结束时，循环执行下述操作：
   2.1 如果读入的字符是空格，则state = 1；
   2.2 否则，如果state = 1，则
       2.2.1 state = 0；
       2.2.2 count++；
3. 输出count；

4. 思考题

如果文本以文件形式存放，如何统计文本中的单词个数？

13.2.2 幻方

1. 问题描述

幻方在我国古代称为"纵横图"。它是在一个 $n \times n$ 的矩阵中填入 $1 \sim n^2$ 的数字（n 为奇数），使得每一行、每一列、每条对角线的累加和都相等。例如图 13-1 就是一个 3 阶幻方。

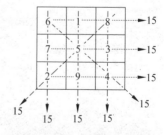

图 13-1　3 阶幻方示例

2. 基本要求

(1) 设计数据结构存储幻方；

(2) 设计算法完成任意 n 阶幻方的填数过程；

(3) 分析算法的时间复杂度。

3. 设计思想

求解幻方问题的方法很多,这里介绍一种"左上斜行法"的填数方法,该方法适用于任意奇数阶幻方,具体填数过程如下:

(1) 由 1 开始填数,将 1 放在第 0 行的中间位置。

(2) 将幻方想象成上下、左右相接,每次往左上角走一步,会有下列情况:

① 左上角超出上边界,则在最下边相对应的位置填入下一个数,如图 13-2(a)所示;

② 左上角超出左边界,则在最右边相对应的位置填入下一个数,如图 13-2(b)所示;

③ 按上述方法找到的位置已填数,则在原位置的同一列下一行填入下一个数,如图 13-2(c)所示。

(a) 左上角超出上边界　　(b) 左上角超出左边界　　(c) 左上角已填数

图 13-2 "左上斜行法"的填数过程

由上述填数过程可知,某一位置(i,j)的左上角的位置是$(i-1,j-1)$,如果$i-1 \geqslant 0$,不用调整,否则将其调整为$n-1$;同理,如果$j-1 \geqslant 0$,不用调整,否则将其调整为$n-1$。所以,位置(i,j)的左上角的位置可以用求模的方法获得。幻方的具体算法如下:

奇数阶幻方算法 Square

```
void Square(int a[][], int n)
{
    i = 0; j = n/2;                  //i 和 j 表示二维数组的行列下标
    a[i][j] = 1;                     //将 1 填入第 0 行中间位置
    for (k = 2; k <= n*n; k++)       //k 表示即将填的数,将 2~n*n 填入数组
    {
        iTemp = i; jTemp = j;        //暂存 i 和 j 的值
        i = (i-1+n) % n;             //即 i = i-1; if (i<0) i = n-1;
        j = (j-1+n) % n;             //即 j = j-1; if (j<0) j = n-1;
        if (r[i][j] > 0) {           //第 i 行第 j 列已经填数
            i = (iTemp + 1) % n;     //即 i = iTemp+1; if (i==n) i = 0;
            j = jTemp;               //原位置的同一列
        }
        r[i][j] = k;                 //在 r[i][j]处填入 k
    }
}
```

4. 思考题

（1）上述算法只适用于奇数阶幻方，上机测试是否适用于偶数阶幻方。

（2）设计求偶数阶幻方的算法并上机测试。

（3）幻方的解法非常多，幻方还具有非常多的性质，上网查找关于幻方的解法和趣事，写一篇综述论文。

13.3 综合实验

13.3.1 近似串匹配

1. 问题描述

在一个文本中查找某个给定的单词，由于单词本身可能有文法上的变化，加上书写和印刷方面的错误，实际应用中往往需要进行近似匹配。这种近似串匹配与串匹配不同，实际问题中确定两个字符串是否近似匹配不是一个简单的问题，例如，可以说 pattern 与 patern 是近似的，但 pattern 与 patient 就不是近似的，这存在一个差别大小的问题。

设样本 $P = p_1 p_2 \cdots p_m$，文本 $T = t_1 t_2 \cdots t_n$，对于一个非负整数 K，样本 P 在文本 T 中的 K-近似匹配（K-approximate Match）是指 P 在 T 中包含至多 K 个差别的匹配（一般情况下，假设样本是正确的）。这里的差别是指下列三种情况之一：

（1）修改：P 与 T 中对应字符不同。

（2）删去：T 中含有一个未出现在 P 中的字符。

（3）插入：T 中不含有出现在 P 中的一个字符。

例如，图 13-3 是一个包含上述三种差别（通常称为编辑错误）的 3-近似匹配。

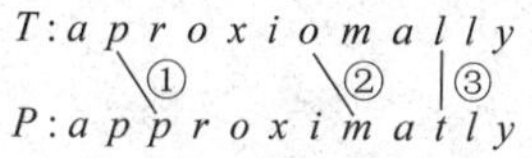

图 13-3　3-近似匹配（①删去，②插入，③修改）

2. 基本要求

（1）设计算法判断样本 P 是否是文本 T 的 K-近似匹配；

（2）设计程序实现你设计的算法，并设计有代表性的测试数据；

（3）分析算法的时间复杂度。

3. 设计思想

事实上，能够指出图 13-3 中的两个字符串有 3 个差别并不是一件容易的事，因为不同的对应方法可以得到不同的 K 值。例如，把两个字符串从字符 a 开始顺序对应，可以计算出 6 个修改错误。因此，样本 P 和文本 T 为 K-近似匹配包含两层含义：

（1）二者的差别数至多为 K；

（2）差别数是指二者在所有匹配对应方式下的最小编辑错误总数。

下面介绍用动态规划法设计的算法。定义一个代价函数 $D(i,j)$（$0 \leqslant i \leqslant m$，$0 \leqslant j \leqslant n$）表示样本前缀子串 $p_1 \cdots p_i$ 与文本前缀子串 $t_1 \cdots t_j$ 之间的最小差别数，则

$D(m,n)$ 表示样本 P 与文本 T 的最小差别数。根据近似匹配的定义,容易确定代价函数的初始值:

(1) $D(0,j)=0$,这是因为样本为空串,与文本 $t_1 \cdots t_j$ 有 0 处差别;

(2) $D(i,0)=i$,这是因为样本 $p_1 \cdots p_i$ 与空文本 $t_1 \cdots t_j$ 有 i 处差别。

当样本 $p_1 \cdots p_i$ 与文本 $t_1 \cdots t_j$ 对应时,$D(i,j)$ 有以下 4 种可能的情况:

(1) 字符 p_i 与 t_j 相对应且 $p_i = t_j$,则总差别数为 $D(i-1,j-1)$;

(2) 字符 p_i 与 t_j 相对应且 $p_i \neq t_j$,则总差别数为 $D(i-1,j-1)+1$;

(3) 字符 p_i 为多余,即字符 p_i 对应于 t_j 后的空格,则总差别数为 $D(i-1,j)+1$;

(4) 字符 t_j 为多余,即字符 t_j 对应于 p_i 后的空格,则总差别数为 $D(i,j-1)+1$。

由此,得到如下递推式:

$$D(i,j) = \begin{cases} 0 & i=0 \\ i & j=0 \\ \min\{D(i-1,j-1), D(i-1,j)+1, D(i,j-1)+1\} & i>0, j>0, p_i = t_j \\ \min\{D(i-1,j-1)+1, D(i-1,j)+1, D(i,j-1)+1\} & i>0, j>0, p_i \neq t_j \end{cases}$$

近似串匹配算法 ASM

```
int ASM(char P[], char T[], int m, int n, int K)
{
  for (j = 0; j <= n; j++)            //初始化第0行
    D[0][j] = 0;
  for (i = 0; i <= m; i++)            //初始化第0列
    D[i][0] = i;
  for (j = 1; j <= n; j++)            //根据递推式依次计算每一列
  {
    for (i = 1; i <= m; i++)          //根据递推式依次计算每一行
    {
      if (P[i] == T[j])
        D[i][j] = min(D[i-1][j-1], D[i-1][j]+1, D[i][j-1]+1);
      else
        D[i][j] = min(D[i-1][j-1]+1, D[i-1][j]+1, D[i][j-1]+1);
    }
    if (D[m][j] <= K) return j;
  }
}
```

4. 思考题

给定一个样本和多个文本,如何判定样本与哪个文本具有最小近似匹配?

13.3.2 数字旋转方阵

1. 问题描述

输出如图 13-4 所示的 $N \times N (1 \leqslant N \leqslant 10)$ 数字旋转方阵。

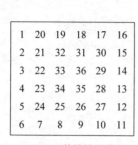 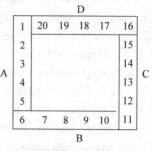

(a) 6×6的旋转方阵　　　　(b) 逐层填数，先填最外层

图 13-4　数字旋转方阵示例

2. 基本要求

(1) 设计数据结构存储数字旋转方阵；

(2) 设计算法完成任意 $N(1 \leqslant N \leqslant 10)$ 阶数字旋转方阵；

(3) 分析算法的时间复杂度。

3. 设计思想

采用递归方法进行求解。用二维数组 data[N][N] 表示 $N \times N$ 的方阵，观察方阵中数字的规律，可以从外层向里层填数，如图 13-4(b) 所示。在填数过程中，每一层的起始位置很重要。设变量 size 表示方阵的大小，则初始时 size＝N，填完一层则 size＝size－2；设变量 begin 表示每一层的起始位置，变量 i 和 j 分别表示行号和列号，则每一层初始时 i＝begin，j＝begin。将每一层的填数过程分为 A，B，C，D 四个区域，每个区域需要填写 size－1 个数字，且填写区域 A 时列号不变行号加 1，填写区域 B 时行号不变列号加 1，填写区域 C 时列号不变行号减 1，填写区域 D 时行号不变列号减 1。递归的边界条件是 size 等于 0 或 size 等于 1，如图 13-5 所示。

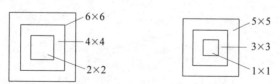

(a) N为偶数，则size等于0结束递归　　(b) N为奇数，则size等于1结束递归

图 13-5　递归的边界条件

设递归函数 Full 实现填数过程，number 表示当前层左上角要填的数字，begin 表示左上角的坐标，size 表示方阵的阶数，算法的伪代码描述如下：

1. 如果size等于0，则算法结束；
2. 如果size等于1，则当前层只有一个位置data[begin][begin] = number；
3. 初始化行、列下标i = begin，j = begin；
4. 重复下述操作size – 1次，填写区域A：
   4.1　data[i][j] = number; number++;
   4.2　行下标i++；列下标不变；
5. 重复下述操作size – 1次，填写区域B：
   5.1　data[i][j] = number; number++;
   5.2　行下标不变；列下标j++；
6. 重复下述操作size – 1次，填写区域C：
   6.1　data[i][j] = number; number++;
   6.2　行下标i—；列下标不变；
7. 重复下述操作size – 1次，填写区域D：
   7.1　data[i][j] = number; number++;
   7.2　行下标不变，列下标j—；
8. 递归调用函数Full实现在阶数为size – 2的方阵中左上角begin + 1处从数字number开始填数；

4．思考题

上述算法实现逆时针数字旋转方阵，如果要实现顺时针数字旋转方阵，应该如何修改算法？

第 14 章 树和二叉树实验

树结构是一种非常重要的非线性结构,为实际问题中具有层次关系的数据提供了一种自然的表示方法。本章的实验内容围绕树和二叉树的实现及其实际应用展开,通过本章实验,可以更好地将树结构与实际应用中具有层次结构的问题联系起来,培养在实际问题中应用树结构的能力。

14.1 验证实验

14.1.1 二叉树的实现

1. 实验目的

(1) 掌握二叉树的逻辑结构;
(2) 掌握二叉树的二叉链表存储结构;
(3) 验证二叉树的二叉链表存储及遍历操作。

2. 实验内容

(1) 建立一棵含有 n 个结点的二叉树,采用二叉链表存储;
(2) 输出前序、中序和后序遍历该二叉树的遍历结果。

3. 实现提示

定义二叉链表类 Bitree,包括题目要求的建立二叉链表(即构造函数)、前序遍历、中序遍历和后序遍历二叉树等基本操作。建立二叉链表可以采用扩展二叉树的一个遍历序列,例如前序序列,将扩展二叉树的前序序列由键盘输入,建立该二叉树的二叉链表存储。二叉链表的类定义、建立二叉链表以及二叉树的遍历算法请参见主教材 5.4.2 节。

为简单起见,本实验假定二叉树的数据元素为 char 型,要求学生:
(1) 将实验程序调试通过后,用模板类改写;
(2) 加入层序遍历二叉树等基本操作。

4. 实验程序

在 VC++ 编程环境下新建一个工程"二叉链表验证实验",在该工程中新建一个头文件 Bitree.h，该头文件包括二叉链表的结点结构、二叉链表类 Bitree 的定义，范例程序如下：

```cpp
#ifndef BiTree_H                              //避免重复包含 BiTree.h 头文件
#define BiTree_H
                                              //以下定义二叉链表的结点
struct BiNode
{
    char data;                                //假定二叉树的数据元素为 char 型
    BiNode *lchild, *rchild;
};
                                              //以下是类 BiTree 的声明
class BiTree
{
public:
    BiTree(){root = Creat(root);}             //构造函数，建立一棵二叉树
    ~BiTree(){Release(root);}                 //析构函数，释放各结点的存储空间
    void PreOrder(){PreOrder(root);}          //前序遍历二叉树
    void InOrder(){InOrder(root);}            //中序遍历二叉树
    void PostOrder(){PostOrder(root);}        //后序遍历二叉树
private:
    BiNode *root;                             //指向根结点的头指针
    BiNode *Creat(BiNode *bt);                //构造函数调用
    void Release(BiNode *bt);                 //析构函数调用
    void PreOrder(BiNode *bt);                //前序遍历函数调用
    void InOrder(BiNode *bt);                 //中序遍历函数调用
    void PostOrder(BiNode *bt);               //后序遍历函数调用
};
#endif
```

在工程"二叉链表验证实验"中新建一个源程序文件 Bitree.cpp，该文件包括类 BiTree 中成员函数的定义，范例程序如下：

```cpp
#include <iostream>                           //引入输入输出流
using namespace std;
#include "Bitree.h"                           //引入类 BiTree 的声明
                                              //以下是类 BiTree 的成员函数定义
BiNode *BiTree::Creat(BiNode *bt)
{
    char ch;
    cout<<"请输入创建一棵二叉树的结点数据"<<endl;
    cin>>ch;
    if (ch == '#') return NULL;
    else{
        bt = new BiNode;                      //生成一个结点
```

```cpp
        bt->data = ch;
        bt->lchild = Creat(bt->lchild);          //递归建立左子树
        bt->rchild = Creat(bt->rchild);          //递归建立右子树
    }
    return bt;
}

void BiTree::Release(BiNode * bt)
{
    if (bt != NULL){
        Release(bt->lchild);                     //释放左子树
        Release(bt->rchild);                     //释放右子树
        delete bt;
    }
}

void BiTree::PreOrder(BiNode * bt)
{
    if(bt == NULL) return;                       //递归调用的结束条件
    else {
        cout<<bt->data<<" ";                     //访问根结点的数据域
        PreOrder(bt->lchild);                    //前序递归遍历 bt 的左子树
        PreOrder(bt->rchild);                    //前序递归遍历 bt 的右子树
    }
}

void BiTree::InOrder(BiNode * bt)
{
    if (bt == NULL) return;                      //递归调用的结束条件
    else {
        InOrder(bt->lchild);                     //中序递归遍历 bt 的左子树
        cout<<bt->data<<" ";                     //访问根结点的数据域
        InOrder(bt->rchild);                     //中序递归遍历 bt 的右子树
    }
}

void BiTree::PostOrder(BiNode * bt)
{
    if (bt == NULL) return;                      //递归调用的结束条件
    else {
        PostOrder(bt->lchild);                   //后序递归遍历 bt 的左子树
        PostOrder(bt->rchild);                   //后序递归遍历 bt 的右子树
        cout<<bt->data<<" ";                     //访问根结点的数据域
    }
```

}
```

在工程"二叉链表验证实验"中新建一个源程序文件 Bitree_main.cpp,该文件包括主函数,范例程序如下:

```
# include <iostream>                       //引入输入输出流
using namespace std;
# include "Bitree.h"                       //引入类 BiTree 的定义
                                           //以下是主函数
int main()
{
    BiTree T;                              //创建一棵二叉树
    cout<<"------ 前序遍历 ------"<<endl;
    T.PreOrder( );
    cout<<endl;
    cout<<"------ 中序遍历 ------"<<endl;
    T.InOrder( );
    cout<<endl;
    cout<<"------ 后序遍历 ------"<<endl;
    T.PostOrder( );
    cout<<endl;
    return 0;
}
```

14.1.2 树的实现

1. 实验目的

（1）掌握树的逻辑结构；
（2）掌握树的孩子兄弟存储结构；
（3）验证树的孩子兄弟存储结构及遍历操作。

2. 实验内容

（1）采用孩子兄弟表示法建立一棵树；
（2）基于树的孩子兄弟表示法实现前序和后序遍历树的操作。

3. 实现提示

定义树的孩子兄弟表示法的结点结构以及树类 Tree,包括题目要求的建立树(即构造函数)、前序遍历和后序遍历树等基本操作。简单起见,本实验假定树的数据元素为 char 型,树的孩子兄弟表示法的结点结构请参见主教材 5.2.4 节,树的遍历操作的定义请参见主教材 5.1.3 节。

首先需建立一棵树,这里采用按层次序来建立树的孩子兄弟表示法存储结构。先建立树的根结点,然后建立第一层的结点,同时建立根和其孩子结点之间的链接关系。为此需要队列作为辅助数据结构。其基本思想为：输入有序对(F C),生成一个新结点 p,其数据域为 C,并将指针 p 入队。然后查询队头元素是否等于 F,若不等,则说明该元素不
```

会再有孩子输入,将它从队列中删去。当找到 C 的双亲结点 q 后,首先检查结点 q 的 firstchild 域是否为空,若为空,则说明当前输入的 C 是结点 q 的第一个孩子,链入 q 的 firstchild 域,否则找到结点 q 的最后一个孩子结点,将 C 链入它的 rightsib 域。算法的伪代码描述如下:

1. 队列 Q 初始化;
2. 输入根结点,并将根结点入队列 Q;
3. 依次输入有序对(F,C),执行下述操作:
  3.1 p=申请一个新结点;p->data=C; p->firstchild=p->rightsib=NULL;
  3.2 当队列 Q 非空,执行下述操作:
    3.2.1 q=队列 Q 的队头元素;
    3.2.2 若 q->data 不等于 F,则将队列 Q 的队头元素删除;
    3.2.3 否则,若 F->firstchild 为 NULL,则令 F->firstchild=p;否则,查找结点 F 的最后一个孩子 q,令 q->rightsib=p;

4. 实验程序

在 VC++ 编程环境下新建一个工程"树的实现验证",在该工程中新建一个头文件 Tree.h,该头文件包括树的孩子兄弟表示法的结点结构和树类 Tree 的定义,范例程序如下:

```
#ifndef Tree_H                          //避免重复包含 Tree.h 头文件
#define Tree_H
const int Max = 20;                     //假定树最多有 20 个结点
                                        //以下定义孩子兄弟表示法的结点
struct TNode
{
    char data;                          //假定树的元素类型为 char 型
    TNode * firstchild, * rightsib;
};
//以下是树类 Tree 的声明
class Tree
{
public:
    Tree();
    ~Tree() {Release(root);}
    void PreOrder(){PreOrder(root);}
    void PostOrder(){PostOrder(root);}
private:
    TNode * root;
    void Release(TNode * bt);           //析构函数调用
    void PreOrder(TNode * bt);          //前序遍历函数调用
    void PostOrder(TNode * bt);         //后序遍历函数调用
```

```
};
#endif
```

在工程"树的实现验证"中新建一个源程序文件Tree.cpp,该文件包括类Tree的成员函数定义,范例程序如下:

```cpp
#include <iostream>                              //引入输入输出流
using namespace std;
#include "Tree.h"                                //引入树类的声明
                                                 //以下是类Tree的成员函数定义
Tree::Tree()
{
    TNode *Q[Max] = {NULL};                      //数组Q是顺序队列,假定不会发生溢出
    int front = -1, rear = -1;                   //队列Q初始化
    char ch1 = '#', ch2 = '#';                   //ch1和ch2接收从键盘输入的有序对
    TNode *p = NULL, *q = NULL;
    cout<<"请输入根结点:";
    cin>>ch1;
    p = new TNode; p->data = ch1;
    p->firstchild = p->rightsib = NULL;
    root = p;                                    //建立根结点
    Q[++rear] = p;                               //根结点入队
    cout<<"请输入结点对,以空格分隔:";
    fflush(stdin);                               //清空键盘缓冲区,以便正确读入字符
    ch1 = getchar(); getchar(); ch2 = getchar(); //注意读掉中间的空格
    while (ch1 != '#'||ch2 != '#')               //输入结束的条件是有序对(# #)
    {
        p = new TNode; p->data = ch2;
        p->firstchild = p->rightsib = NULL;
        Q[++rear] = p;
        while (front != rear)                    //当队列非空
        {
            q = Q[front + 1];                    //取队头元素
            if (q->data != ch1)                  //队头元素不是有序对的第一个字符
                front++;
            else
            {
                if (q->firstchild == NULL)
                    q->firstchild = p;           //结点p是结点q的第一个孩子
                else
                {
                    while (q->rightsib != NULL)  //查找q的最一个孩子
                        q = q->rightsib;
                    q->rightsib = p;             //结点p是结点q的最后一个孩子
                }
```

```cpp
            break;                              //处理完一个有序对,跳出内层循环
        }
    }
    cout<<"请输入结点对,以空格分隔:";
    fflush(stdin);
    ch1 = getchar(); getchar(); ch2 = getchar();  //注意读掉中间的空格
    }
}

void Tree::Release(TNode *bt)
{
    if (bt == NULL) return;                     //递归调用的结束条件
    else
    {
        Release(bt->firstchild);                //后序递归释放 bt 的第一棵子树
        Release(bt->rightsib);                  //后序递归释放 bt 的右兄弟子树
        delete bt;                              //释放根结点
    }
}

void Tree::PreOrder(TNode *bt)
{
    if (bt == NULL) return;                     //递归调用的结束条件
    else
    {
        cout<<bt->data;                         //访问根结点的数据域
        PreOrder(bt->firstchild);               //前序递归遍历 root 的第一棵子树
        PreOrder(bt->rightsib);                 //前序递归遍历 root 的右兄弟子树
    }
}

void Tree::PostOrder(TNode *bt)
{
    if (bt == NULL) return;                     //递归调用的结束条件
    else
    {
        PostOrder(bt->firstchild);              //后序递归遍历 root 的第一棵子树
        PostOrder(bt->rightsib);                //后序递归遍历 root 的右兄弟子树
        cout<<bt->data;                         //访问根结点的数据域
    }
}
```

在工程"树的实现验证"中新建一个源程序文件 Tree_main.cpp,该文件包括主函数,范例程序如下:

```cpp
#include <iostream>                    //引入输入输出流
using namespace std;
#include "Tree.h"                      //引入类 Tree 的定义
                                       //以下是主函数
int main()
{
    Tree t1;                           //创建一棵树 t1
    t1.PreOrder();
    cout<<endl;
    t1.PostOrder();
    cout<<endl;
    return 0;
}
```

14.2 设计实验

14.2.1 求二叉树中叶子结点的个数

1. 问题描述

已知一棵二叉树,求该二叉树中叶子结点的个数。

2. 基本要求

(1) 采用二叉链表作存储结构;
(2) 设计递归算法求叶子结点的个数;
(3) 设计非递归算法求叶子结点的个数。

3. 设计思想

求二叉树中叶子结点的个数,即求二叉树的所有结点中左、右子树均为空的结点个数。因此可以将此问题转化为遍历问题,在遍历中"访问一个结点"时判断该结点是不是叶子,若是则将计数器累加。递归算法如下:

求二叉树叶子结点个数算法

```cpp
void CountLeaf1(BiNode * bt)           //count 是全局变量并已初始化为 0
{
    if (bt != NULL) {
        if (bt->lchild == NULL && bt->rchild == NULL)
            count ++;                  //若 bt 所指的结点是叶子,则计数器加 1
        CountLeaf(bt->lchild, count);  //累计左子树上的叶子数
        CountLeaf(bt->rchild, count);  //累计右子树上的叶子数
    }
}
```

利用前序遍历非递归算法求二叉树中叶子结点的个数,其关键是:在前序遍历过某结点的整个左子树后,如何找到该结点的右子树的根指针。解决的办法是设置一个工作栈,在访问完某结点后,将该结点的指针保存在栈中,以便以后能通过它找到该结点的右子树。一般地,在前序遍历中,设要遍历二叉树的根指针为 bt,可能有两种情况:

(1) 若 bt!=NULL,则表明当前的二叉树不空,此时,应输出根结点 bt 的值并将 bt 保存到栈中,准备继续遍历 bt 的左子树。

(2) 若 bt=NULL,则表明以 bt 为根指针的二叉树遍历完毕,并且 bt 是栈顶指针所指结点的左子树,若栈不空,则应根据栈顶指针所指结点找到待遍历右子树的根指针并赋予 bt,以继续遍历下去;若栈空,则表明整个二叉树遍历完毕,应该结束。

求二叉树叶子结点个数算法

```
void CountLeaf2(BiNode * bt)
{
  top = -1; count = 0;                       //采用顺序栈,并假定不会发生上溢
  while (bt != NULL || top != -1)            //两个条件都不成立才退出循环
  {
    while (bt != NULL)
    {
      if (bt->lchild == NULL && bt->rchild == NULL)
          count ++;                          //若 bt 所指的结点是叶子,则计数器加 1
      s[++ top] = bt;                        //将根指针 bt 入栈
      bt = bt->lchild;
    }
    if (top != -1) {                         //栈非空
      bt = s[top--];
      bt = bt->rchild;
    }
  }
}
```

4. 思考题

(1) 为什么变量 count 在递归算法中是全局变量,在非递归算法中是局部变量?

(2) 如果变量 count 在递归算法中是局部变量,运行程序观察会有什么现象?

14.2.2 二叉表示树

1. 问题描述

一个算术表达式可以用二叉树来表示,这样的二叉树称为二叉表示树。二叉表示树具有下列两个特点:

(1) 叶子结点一定是操作数;

(2) 分支结点一定是运算符。

例如,表达式 A+B*C 的二叉表示树如图 14-1 所示。设计算法将一个算术表达式转化为二叉表示树。

2. 基本要求

(1) 采用二叉链表存储二叉表示树;
(2) 设计算法将给定的算术表达式转化为二叉表示树;
(3) 对二叉表示树进行前序、中序和后序遍历,验证表达式的前缀、中缀和后缀形式。

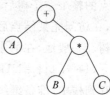

图 14-1　二叉表示树

3. 设计思想

将一个算术表达式转化为二叉表示树基于如下规则:
(1) 考虑运算符的优先顺序,将表达式结合成"左操作数　运算符　右操作数"的形式;
(2) 由外层括号开始,运算符作为二叉表示树的根结点,左操作数作为根结点的左子树,右操作数作为根结点的右子树;
(3) 如果某子树对应的操作数为一个表达式,则重复第(2)步的转换,直到该子树对应的操作数不能再分解。

例如,将表达式(A+B)*(C+D*E)按上述规则顺序结合成((A+B)*(C+(D*E))),则二叉表示树的根结点是运算符*,左操作数即左子树是(A+B),右操作数即右子树是(C+(D*E)),对于左子树(A+B),其根结点是运算符+,左子树是 A,右子树是 B,对于右子树(C+(D*E)),其根结点是运算符+,左子树是 C,右子树是(D*E),依此类推。二叉表示树的构造过程如图 14-2 所示。

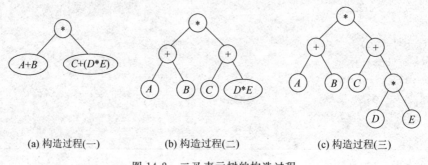

(a) 构造过程(一)　　　　(b) 构造过程(二)　　　　(c) 构造过程(三)

图 14-2　二叉表示树的构造过程

14.3　综合实验

14.3.1　信号放大器

1. 问题描述

天然气经过管道网络从其生产基地输送到消耗地,在传输过程中,其性能的某一个或几个方面可能会有所衰减(例如气压)。为了保证信号衰减不超过容忍值,应在网络中的合适位置放置放大器以增加信号(例如电压)使其与源端相同。设计算法确定把信号放大器放在何处,能使所用的放大器数目最少并且保证信号衰减不超过给定的容忍值。

2. 基本要求

(1) 建立模型,设计数据结构;
(2) 设计算法完成放大器的放置;
(3) 分析算法的时间复杂度。

3. 设计思想

为了简化问题,假设分布网络是二叉树结构,源端是树的根结点,信号从一个结点流向其孩子结点,树中的每一结点(除了根)表示一个可以用来放置放大器的位置。图 14-3 是一个网络示意图,边上标出的是从父结点到子结点的信号衰减量。

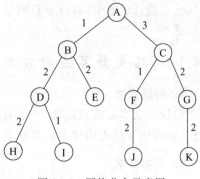

图 14-3 网络分布示意图

对于网络中任一结点 i,设 $d(i)$ 表示结点 i 与其父结点间的衰减量,$D(i)$ 为从结点 i 到结点 i 的子树中任一叶子结点的衰减量的最大值,并有如下递推公式:

$$\begin{cases} D(i) = 0 & \text{若 } i \text{ 为叶结点} \\ D(i) = \max\{D(j) + d(j)\} & \text{若 } i \text{ 不是叶结点且 } j \text{ 是 } i \text{ 的孩子} \end{cases}$$

在此公式中,要计算某结点的 D 值,必须先计算其孩子结点的 D 值,因而必须后序遍历二叉树,当访问一个结点时,计算其 D 值。

例如,$D(B) = \max\{D(D) + d(D), D(E)\} = 4$,若容忍值为 3,则在 B 点或其祖先的任意一点放置放大器,并不能减少 B 与其后代的衰减量,必须在 D 点放置一个放大器或在其孩子结点放置一个或多个放大器。若在结点 D 处放置一个放大器,则 $D(B) = 2$。

根据上述分析,设计如下存储结构:

```
struct element
{
    int D;              //该结点的衰减量
    int d;              //父结点的衰减量
    bool boost;         //当且仅当本处设置放大器,则 boost 为 true
};
struct BiNode
{
    element data;
    BiNode *lchild, *rchild;
};
```

放置放大器算法的伪代码描述如下:

1. $D(i) = 0$;
2. for (i 的每个孩子 j)
    2.1 如果 $D(j) + d(j) >$ 容忍值,则在 j 处放置放大器;
    2.2 否则 $D(i) = \max\{D(i), D(j) + d(j)\}$;

4. 思考题

上述设计思想中,假设分布网络是一棵二叉树结构,如果分布网络是树结构应如何设计算法?

14.3.2 哈夫曼算法的应用

1. 问题描述

假设某文本文档只包含 26 个英文字母,应用哈夫曼算法对该文档进行压缩和解压缩操作,使得该文档占用较少的存储空间。

2. 基本要求

(1) 假设文档内容从键盘输入;
(2) 设计哈夫曼算法的存储结构;
(3) 设计哈夫曼编码和解码算法;
(4) 分析时间复杂度和空间复杂度。

3. 设计思想

对于给定的文档,首先通过扫描确定文档中出现了哪些英文字母以及出现的次数,以出现的次数作为叶子结点的权值构造哈夫曼树,获得各字符的哈夫曼编码;然后再扫描一遍文档将其进行哈夫曼压缩编码,将文本文档转换为二进制编码输出;最后将该二进制流进行解码,并与原文档进行对照,以验证算法的正确性。哈夫曼算法的存储结构以及哈夫曼算法请参见主教材 5.7.1 节。

4. 思考题

如果对任意以文件形式存在的文本文档,如何实现应用哈夫曼算法进行压缩和解压缩?

第 15 章 图 实 验

图是最复杂的一种数据结构，同时也是表达能力最强的一种数据结构，其应用十分广泛，很多问题都可以用图来表示。本章的实验内容针对基于邻接矩阵和邻接表存储的图及其基本操作的实现展开，并结合图的具体应用，培养在实际问题中应用图结构的能力。

15.1 验证实验

15.1.1 邻接矩阵的实现

1. 实验目的

（1）掌握图的逻辑结构；

（2）掌握图的邻接矩阵存储结构；

（3）验证图的邻接矩阵存储及其遍历操作的实现。

2. 实验内容

（1）建立无向图的邻接矩阵存储；

（2）对建立的无向图，进行深度优先遍历；

（3）对建立的无向图，进行广度优先遍历。

3. 实现提示

定义邻接矩阵存储的无向图类 MGraph，包括题目要求的建立、深度优先遍历、广度优先遍历等基本操作。无向图类 MGraph 的定义以及基本操作的算法请参见主教材 6.2.1 节。

4. 实验程序

在 VC++ 编程环境下新建一个工程"邻接矩阵验证实验"，在该工程中新建一个头文件 MGraph.h，该头文件包括无向图类 MGraph 的定义，范例程序如下：

```
#ifndef MGraph_H                    //避免包含 MGraph.h 头文件
#define MGraph_H
```

```cpp
const int MaxSize = 10;                              //图中最多顶点个数
                                                     //以下是类 MGraph 的声明
template <class DataType>
class MGraph
{
public:
    MGraph(DataType a[], int n, int e);              //构造函数,建立具有 n 个顶点 e 条边的图
    ~MGraph() {}                                     //析构函数为空
    void DFSTraverse(int v);                         //深度优先遍历图
    void BFSTraverse(int v);                         //广度优先遍历图
private:
    DataType vertex[MaxSize];                        //存放图中顶点的数组
    int arc[MaxSize][MaxSize];                       //存放图中边的数组
    int vertexNum, arcNum;                           //图的顶点数和边数
};
#endif
```

在工程"邻接矩阵验证实验"中新建一个源程序文件 MGraph.cpp,该文件包括类 MGraph 中成员函数的定义,范例程序如下:

```cpp
#include <iostream>                                  //引入输入输出流
using namespace std;
#include "MGraph.h"                                  //引入类 MGraph 的声明
                                                     //以下是类 MGraph 的成员函数定义
template <class DataType>
MGraph<DataType>::MGraph(DataType a[], int n, int e)
{
    int i, j, k;
    vertexNum = n; arcNum = e;
    for (i = 0; i < vertexNum; i++)                  //存储图的顶点信息
        vertex[i] = a[i];
    for (i = 0; i < vertexNum; i++)                  //初始化图的邻接矩阵
        for (j = 0; j < vertexNum; j++)
            arc[i][j] = 0;
    for (k = 0; k < arcNum; k++)                     //存储图的边信息
    {
        cout<<"请输入边的两个顶点的序号:";
        cin>>i>>j;
        arc[i][j] = 1; arc[j][i] = 1;
    }
}

template <class DataType>
void MGraph<DataType>::DFSTraverse(int v)            //深度优先遍历图
{
```

```cpp
        cout<<vertex[v]; visited[v] = 1;
        for (int j = 0; j < vertexNum; j ++ )
            if (arc[v][j] == 1 && visited[j] == 0)
                DFSTraverse(j);
}

template <class DataType>
void MGraph<DataType>::BFSTraverse(int v)        //广度优先遍历图
{
    int Q[MaxSize];                              //假设队列采用顺序存储且不会发生溢出
    int front = -1, rear = -1;                   //初始化队列
    cout<<vertex[v]; visited[v] = 1; Q[ ++ rear] = v;   //被访问顶点入队
    while (front != rear)                        //当队列非空时
    {
        v = Q[ ++ front];                        //将队头元素出队并送到 v 中
        for (int j = 0; j < vertexNum; j ++ )
            if (arc[v][j] == 1 && visited[j] == 0 ) {
                cout<<vertex[j]; visited[j] = 1; Q[ ++ rear] = j;
            }
    }
}
```

在工程"邻接矩阵验证实验"中新建一个源程序文件 MGraph _main.cpp，该文件包括主函数，范例程序如下：

```cpp
# include <iostream>                    //引入输入输出流
using namespace std;
# include "MGraph.cpp"                  //引入类 MGraph 的成员函数定义
int visited[MaxSize] = {0};             //全局数组变量 visited 初始化
                                        //以下是主函数
int main()
{
    char ch[] = {'A','B','C','D','E'};  //顶点信息
    MGraph<char> MG(ch, 5, 6);          //图中顶点的类型为 char 型
    for (int i = 0; i < MaxSize; i ++ ) //初始化图中所有顶点均未被访问
        visited[i] = 0;
    cout<<"深度优先遍历序列是：";
    MG.DFSTraverse(0);                  //从顶点 0 出发深度优先遍历图
    cout<<endl;
    for (i = 0; i < MaxSize; i ++ )     //初始化图中所有顶点均未被访问
        visited[i] = 0;
    cout<<"广度优先遍历序列是：";
    MG.BFSTraverse(0);                  //从顶点 0 出发广度优先遍历图
    cout<<endl;
    return 0;
}
```

15.1.2 邻接表的实现

1. 实验目的

（1）掌握图的逻辑结构。
（2）掌握图的邻接表存储结构。
（3）验证图的邻接表存储及其遍历操作的实现。

2. 实验内容

（1）建立一个有向图的邻接表存储结构。
（2）对建立的有向图，进行深度优先遍历。
（3）对建立的有向图，进行广度优先遍历。

3. 实现提示

定义邻接表存储的有向图类 ALGraph，包括题目要求的建立、深度优先遍历、广度优先遍历等基本操作。有向图类 ALGraph 的定义以及基本操作的算法请参见主教材 6.2.2 节。

4. 实验程序

在 VC++ 编程环境下新建一个工程"邻接表验证实验"，在该工程中新建一个头文件 ALGraph.h，该头文件包括有向图类 ALGraph 以及相关结点的定义，范例程序如下：

```cpp
#ifndef ALGraph_H                          //避免重复包含 ALGraph.h 头文件
#define ALGraph_H
const int MaxSize = 10;                    //图的最大顶点数
                                           //以下定义边表结点和顶点表结点
struct ArcNode                             //定义边表结点
{
    int adjvex;                            //邻接点域
    ArcNode * next;
};
template <class DataType>
struct VertexNode                          //定义顶点表结点
{
    DataType vertex;
    ArcNode * firstedge;
};
                                           //以下是类 ALGraph 的声明
template <class DataType>
class ALGraph
{
public:
    ALGraph(DataType a[], int n, int e);   //构造函数
    ~ALGraph();                            //析构函数
    void DFSTraverse(int v);               //深度优先遍历图
```

```
    void BFSTraverse(int v);                     //广度优先遍历图
private:
    VertexNode<DataType> adjlist[MaxSize];       //存放顶点表的数组
    int vertexNum, arcNum;                       //图的顶点数和边数
};
#endif
```

在工程"邻接表验证实验"中新建一个源程序文件 ALGraph.cpp，该文件包括类 ALGraph 中成员函数的定义，范例程序如下：

```
#include <iostream>                              //引入输入输出流
using namespace std;
#include "ALGraph.h"                             //引入类 ALGraph 的声明
                                                 //以下是类 ALGraph 的成员函数定义
template <class DataType>
ALGraph<DataType>::ALGraph(DataType a[], int n, int e)
{
    ArcNode *s;
    int i, j, k;
    vertexNum = n; arcNum = e;
    for (i = 0; i < vertexNum; i++)              //存储顶点信息，初始化顶点表
    {
        adjlist[i].vertex = a[i];
        adjlist[i].firstedge = NULL;
    }
    for (k = 0; k < arcNum; k++)                 //依次输入每一条边
    {
        cout<<"请输入边的两个顶点的序号：";
        cin>>i>>j;                               //输入边所依附的两个顶点的编号
        s = new ArcNode; s->adjvex = j;          //生成一个边表结点 s
        s->next = adjlist[i].firstedge;          //将结点 s 插入到第 i 个边表的表头
        adjlist[i].firstedge = s;
    }
}

template <class DataType>
ALGraph<DataType>::~ALGraph()
{
    ArcNode *p = NULL;
    for(int i = 0; i < vertexNum; i++)
    {
        p = adjlist[i].firstedge;
        while (p != NULL)                        //删除第 i 个边表
        {
            adjlist[i].firstedge = p->next;
```

```cpp
            delete p;                               //释放结点空间
            p = adjlist[i].firstedge;
        }
    }
}

template <class DataType>
void ALGraph<DataType>::DFSTraverse(int v)          //深度优先遍历图
{
    ArcNode *p = NULL; int j;
    cout<<adjlist[v].vertex; visited[v] = 1;
    p = adjlist[v].firstedge;                       //工作指针p指向顶点v的边表
    while (p != NULL)                               //依次搜索顶点v的邻接点j
    {
        j = p->adjvex;
        if (visited[j] == 0) DFSTraverse(j);
        p = p->next;
    }
}

template <class DataType>
void ALGraph<DataType>::BFSTraverse(int v)          //广度优先遍历图
{
    int Q[MaxSize];                                 //假设队列采用顺序存储
    int front = -1, rear = -1;                      //初始化队列
    ArcNode *p = NULL;
    cout<<adjlist[v].vertex; visited[v] = 1; Q[++rear] = v;  //被访问顶点入队
    while (front != rear)                           //当队列非空时
    {
        v = Q[++front];
        p = adjlist[v].firstedge;                   //工作指针p指向顶点v的边表
        while (p != NULL)
        {
            int j = p->adjvex;                      //j是顶点v的邻接点
            if (visited[j] == 0) {
                cout<<adjlist[j].vertex; visited[j] = 1; Q[++rear] = j;
            }
            p = p->next;
        }
    }
}
```

在工程"邻接表验证实验"中新建一个源程序文件 ALGraph_main.cpp,该文件包括主函数,范例程序如下:

```cpp
# include <iostream>                    //引入输入输出流
using namespace std;
# include "ALGraph.cpp"                 //引入类 ALGraph 的声明和成员函数定义
int visited[MaxSize] = {0};             //标志数组 visited[MaxSize]为全局变量
                                        //以下为主函数
int main()
{
    char ch[] = {'A','B','C','D','E'};  //顶点信息
    int i;
    ALGraph<char> ALG(ch, 5, 6);        //图中顶点的类型为 char 型
    for (i = 0; i < MaxSize; i++)       //初始化图中所有顶点均未被访问
        visited[i] = 0;
    cout<<"深度优先遍历序列是:";
    ALG.DFSTraverse(0);                 //从顶点 0 出发进行深度优先遍历
    cout<<endl;
    for (i = 0; i < MaxSize; i++)       //初始化图中所有顶点均未被访问
        visited[i] = 0;
    cout<<"广度优先遍历序列是:";
    ALG.BFSTraverse(0);                 //从顶点 0 出发进行广度优先遍历
    cout<<endl;
    return 0;
}
```

15.2 设计实验

15.2.1 TSP 问题

1. 问题描述

所谓 TSP 问题是指旅行家要旅行 n 个城市,要求各个城市经历且仅经历一次,并要求所走的路程最短。该问题又称为货郎担问题、邮递员问题、售货员问题,是图问题中最广为人知的问题。

2. 基本要求

(1) 上网查找 TSP 问题的应用实例;
(2) 分析求 TSP 问题的全局最优解的时间复杂度;
(3) 设计一个求近似解的算法;
(4) 分析算法的时间复杂度。

3. 设计思想

对于 TSP 问题,一种最容易想到的也肯定能得到最佳解的算法是穷举法,即考虑所有可能的旅行路线,从中选择最佳的一条。但是用穷举法求解 TSP 问题的时间复杂度为 $O(n!)$,当 n 大到一定程度后是不可解的。

本实验只要求近似解,可以采用贪心法求解:任意选择某个城市作为出发点,然后前

往最近的未访问的城市，直到所有的城市都被访问并且仅被访问一次，最后返回到出发点。如图 15-1(a)所示是一个具有 5 个顶点的无向图的邻接矩阵，从顶点 1 出发，按照最近邻点的贪心策略，得到的路径是 1→4→3→5→2→1，求解过程如图 15-1(b)~(f)所示。

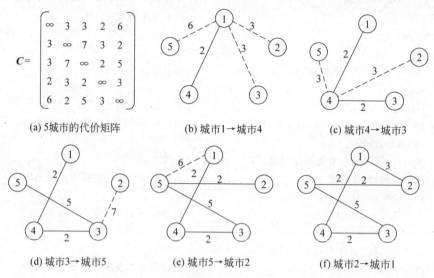

图 15-1 最近邻点贪心策略求解 TSP 问题的过程

设图 G 有 n 个顶点，边上的代价存储在二维数组 $w[n][n]$ 中，集合 V 存储图的顶点，集合 P 存储经过的边，最近邻点策略求解 TSP 问题算法的伪代码描述如下：

1. 任意选择某个顶点 v 作为出发点；
2. 执行下述过程，直到所有顶点都被访问：
   2.1 v=最后一个被访问的顶点；
   2.2 在顶点 v 的邻接点中查找距离顶点 v 最近的未被访问的邻接点 j；
   2.3 访问顶点 j；
3. 从最后一个访问的顶点直接回到出发点 v；

4. 思考题

上网查找 TSP 问题的应用实例，写一篇综述报告。

15.2.2 哈密顿路径

1. 问题描述

在图 G 中找出一条包含所有顶点的简单路径，该路径称为哈密顿路径。

2. 基本要求

（1）图 G 是非完全有向图，且图 G 不一定存在哈密顿路径；
（2）设计算法判断图 G 是否存在哈密顿路径，如果存在，输出一条哈密顿路径即可；
（3）分析算法的时间复杂度。

3. 设计思想

寻找哈密顿路径的过程是一个深度优先遍历的过程。在遍历过程中,如果有回溯,说明遍历经过的路线中存在重复访问的顶点,所以,可以修改深度优先遍历算法,使其在遍历过程中取消回溯。下面通过一个具体的例子说明搜索过程。

在图 15-2(a)中,首先从顶点 v_1 开始,访问顶点 v_1 后,由顶点 v_1 访问其未访问的邻接点 v_2,如图 15-2(b)所示。接下来应该回溯到顶点 v_1 后,选择 v_1 的下一个邻接点 v_3 往下搜索,而为了取消回溯使顶点 v_2 可以重新被搜索,应取消顶点 v_2 的访问标志,如图 15-2(c)所示。类似地,由顶点 v_3 出发访问其未访问的邻接点 v_2 后,又产生回溯,再次取消顶点 v_2 的访问标志,如图 15-2(d)所示。由顶点 v_3 出发访问其未访问的邻接点 v_4,再由顶点 v_4 出发访问其未访问的邻接点 v_2,得到一条简单路径如图 15-2(e)所示。

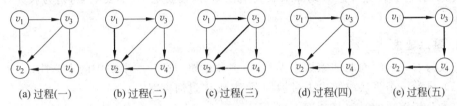

(a) 过程(一)　　(b) 过程(二)　　(c) 过程(三)　　(d) 过程(四)　　(e) 过程(五)

图 15-2　求哈密顿路径的搜索过程

由上述过程可以看到,取消访问标志应该在遍历算法中回溯后重新搜索之前进行。按照上述搜索方法,只要存在一条以顶点 v_1 为始点的简单路径,则从顶点 v_1 出发进行深度优先遍历就一定能求解出来。如果不存在以顶点 v_1 为始点的简单路径,可以取消所有顶点的访问标志,重新选择起点进行搜索。此外,还要考虑两个问题:(1)如何判断搜索成功?(2)当搜索成功时,如何输出路径?

问题(1)的解决:假定图中有 n 个顶点,在搜索过程中记录当前路径的顶点数,则搜索成功的条件就是当前路径上的顶点数正好等于 n。

问题(2)的解决:在搜索过程中,将路径上的顶点依次存到一个数组中,当搜索成功时,依次输出数组元素即可。

修改后的深度优先遍历算法如下:

取消回溯的遍历算法 DFS

```
void DFS(int v)                          //count 是全局变量并已初始化为 0
{
  visited[v] = 1; S[count ++ ] = v;
  for (j = 0; j < vertexNum; j ++ )
    if (arc[v][j] = 1 && visited[j] = 0) DFS(j);
  if (j == vertexNum) {                  //取消回溯
    visited[v] = 0; count -- ;
  }
}
```

4. 思考题

哈密顿回路问题是 NP 问题，至今没有找到多项式时间算法，请分析哈密顿回路问题和哈密顿路径问题之间的联系，是否可以设计一个求解哈密顿回路的算法？

15.3 综合实验

15.3.1 农夫过河

1. 问题描述

一个农夫带一只狼、一棵白菜和一只山羊要从一条河的南岸过到北岸，农夫每次只能带一样东西过河，但是任意时刻如果农夫不在场时，狼要吃羊、羊要吃菜，请为农夫设计过河方案。

2. 基本要求

（1）为农夫过河问题抽象数据模型，体会数据模型在问题求解中的重要性；
（2）设计一个算法求解农夫过河问题，并输出过河方案；
（3）分析算法的时间复杂度。

3. 设计思想

要求解农夫过河问题，首先需要选择一个对问题中每个角色的位置进行描述的方法。一个很方便的办法是用四位二进制数顺序表示农夫、狼、白菜和羊的位置。例如，用 0 表示农夫或者某东西在河的南岸，1 表示在河的北岸，例如二进制数 0101 表示农夫和白菜在河的南岸，而狼和羊在北岸。0000～1111 共有 16 种状态，其中有些状态是禁止状态，如 0101 表示狼和羊在河的北岸。这样，问题转化为从初始状态二进制 0000（全部在河的南岸）出发，以二进制 1111（全部到达河的北岸）为最终目标，一步一步进行试探，每一步都搜索所有可能的选择，对每一步确定合适的选择再考虑下一步的各种方案，并且在序列中的每一个状态都可以从前一状态通过农夫可以带一样东西过河（即农夫的位置发生变化）到达。显然，这是一个对状态组成的图进行广度优先的遍历过程。

4. 思考题

考虑能否采用深度优先遍历思想求解农夫过河问题？

15.3.2 医院选址问题

1. 问题描述

n 个村庄之间的交通图可以用有向网图来表示，图中边 $<v_i, v_j>$ 上的权值表示从村庄 i 到村庄 j 的道路长度。现在要从这 n 个村庄中选择一个村庄新建一所医院，问这所医院应建在哪个村庄，才能使所有的村庄离医院都比较近？

2. 基本要求

（1）建立数据模型，设计存储结构；
（2）设计算法完成问题求解；

(3) 分析算法的时间复杂度。

3. 设计思想

医院选址问题实际上是求有向图的中心点。首先定义顶点的偏心度。

设图 $G=(V,E)$，对任一顶点 k，称 $E(k)=\max\{\text{dist}<i,k>\}$ ($i\in V$，$\text{dist}<i,k>$ 为顶点 i 到顶点 k 的代价)为顶点 k 的偏心度。显然，偏心度最小的顶点即为图 G 的中心点。如图 15-3(a)所示是一个带权有向图，其各顶点的偏心度如图 15-3(b)所示。

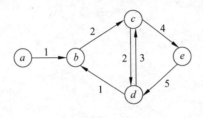

顶点	偏心度
a	∞
b	6
c	8
d	5
e	7

(a) 带权有向图　　　　(b) 各顶点的偏心度

图 15-3　带权有向图及各顶点的偏心度

医院选址问题算法的伪代码描述如下：

1. 对带权有向图，调用 Floyd 算法，求每对顶点间最短路径长度的矩阵；
2. 对最短路径长度矩阵的每列求大值，即得到各顶点的偏心度；
3. 具有最小偏心度的顶点即为所求；

4. 思考题

上述算法只考虑了从其他顶点到中心点的代价，如果考虑从其他顶点到中心点的往返代价，应该如何修改算法？

第 16 章 查找技术实验

查找又称检索,是数据处理中常用的一种重要操作。本章的实验内容针对各种查找技术展开,深刻理解并掌握基于不同查找结构的查找技术,在实际应用中遇到查找问题时,才能够灵活选择或设计合适的查找方法。

16.1 验证实验

16.1.1 顺序查找的实现

1. 实验目的

(1) 掌握顺序查找算法的基本思想;
(2) 掌握顺序查找算法的实现方法;
(3) 掌握顺序查找算法的时间性能。

2. 实验内容

对给定的查找集合,顺序查找与给定值 k 相等的元素。

3. 实现提示

顺序查找的算法较简单,请参见主教材 7.2.1 节,本节主要验证改进的顺序查找。

4. 实验程序

由于程序比较简单,使用单文件结构即可。在 VC++ 编程环境下新建一个源程序文件"顺序查找",函数 Creat 用于生成 Max 个随机整数作为顺序查找的输入数据。范例程序如下:

```
#include <iostream>                    //引入输入输出流
using namespace std;
#include <stdlib.h>                    //使用库函数 srand 和 rand
#include <time.h>                      //使用库函数 time
const int Max = 10;                    //假定待查找集合有 10 个元素
void Creat();                          //生成待查找集合
int SeqSearch(int r[], int n, int k);  //改进的顺序查找
```

```cpp
                                            //以下是主函数
int main()
{
    int a[Max + 1] = {0};                   //待查找元素从下标 1 开始存放
    int location = 0, count = 0, k;         //count 存储比较次数
    Creat();
    for (int i = 1; i <= Max; i++)
        cout<<a[i]<<" ";
    cout<<endl;
    k = 1 + rand() % Max;                   //随机生成待查值
    location = SeqSearch(a, Max, k, count);
    cout<<"元素"<<k<<"在序列中的序号是"<<location;
    cout<<", 共比较"<<count<<"次"<<endl;
    return 0;
}

void Creat()                                //随机生成待查集合
{
    srand(time(NULL));                      //初始化随机种子为当前系统时间
    for (int i = 1; i <= Max; i++)          //从数组下标 1 开始存放待查元素
        a[i] = 1 + rand() % Max;
}

int SeqSearch(int r[], int n, int k, int &count)  //从数组下标 1 开始存放待查元素
{
    int i = n;
    r[0] = k;                               //下标 0 用作监视哨
    while (++count && r[i] != k)            //不用判断下标 i 是否越界
        i--;
    return i;
}
```

16.1.2 折半查找的实现

1. 实验目的

（1）掌握折半查找算法的基本思想；
（2）掌握折半查找算法的实现方法；
（3）掌握折半查找算法的时间性能。

2. 实验内容

对给定的有序查找集合，折半查找与给定值 k 相等的元素。

3. 实现提示

折半查找的算法较简单,请参见主教材 7.2.2 节,请注意查找区间的调整。

4. 实验程序

由于程序比较简单,使用单文件结构即可。在 VC++ 编程环境下新建一个源程序文件"折半查找",函数 Creat 用于生成 Max 个递增的随机整数作为折半查找的输入数据,注意从下标 1 开始存放待查找元素,范例程序如下:

```
#include <iostream>                          //引入输出输出流
using namespace std;
#include <stdlib.h>                          //使用库函数 srand 和 rand
#include <time.h>                            //使用库函数 time
const int Max = 10;                          //假定待查找集合有 10 个元素
void Creat();
int BinSearch1(int r[], int n, int k, int &count);
                                             //以下是主函数
int main()
{
    int a[Max + 1] = {0};
    nt location = 0, count = 0, k;
    Creat();
    for (int i = 1; i <= Max; i++)
        cout<<a[i]<<" ";
    cout<<endl;
    k = a[1 + rand() % Max];                 //随机生成待查元素所在下标
    location = BinSearch(a, Max, k, count);
    cout<<"元素"<<k<<"在序列中的序号是"<<location;
    cout<<", 共比较"<<count<<"次"<<endl;
    return 0;
}

void Creat()                                 //函数定义,随机生成待查找集合
{
    srand(time(NULL));                       //初始化随机种子为当前系统时间
    a[0] = 0;
    for (int i = 1; i <= Max; i++)
        a[i] = a[i-1] + rand() % Max;        //生成一个递增序列
}

int BinSearch(int r[], int n, int k, int &count)   //从数组下标 1 开始存放待查集合
{
    int low = 1, high = n;                   //设置查找区间
```

```
    int mid;
    while (low <= high)                          //当区间存在时
    {
        mid = (low + high)/2;
        count ++;                                //比较次数增 1
        if (k < r[mid]) high = mid - 1;
        else if (k > r[mid]) low = mid + 1;
        else return mid;                         //查找成功,返回元素序号
    }
    return 0;                                    //查找失败,返回 0
}
```

16.1.3 散列查找的实现

1. 实验目的

（1）掌握散列查找的基本思想；
（2）掌握闭散列表的构造方法；
（3）掌握线性探测处理冲突的方法；
（4）验证散列技术的查找性能。

2. 实验内容

（1）对于给定的一组整数和散列函数，采用线性探测法处理冲突构造散列表；
（2）设计查找算法，验证查找性能。

3. 实现提示

首先将待查找集合存储到闭散列表 ht 中，然后随机生成待查元素的下标，考查在查找成功情况下的比较次数。闭散列表的动态查找算法和测试数据参见主教材 7.4.3 节中的例 7-8。

4. 实验程序

由于程序比较简单，使用单文件结构即可。在 VC++ 编程环境下新建一个源程序文件"散列查找"，注意从下标 0 开始存放待查找元素，范例程序如下：

```
#include <iostream>                            //引入输入输出流
using namespace std;
#include <stdlib.h>                            //使用库函数 srand 和 rand
#include <time.h>                              //使用库函数 time
const int Max = 11;                            //假定散列表长为 11
int HashSearch(int ht[], int m, int k, int &j, int &count);
                                               //以下为主函数
int main()
{
    int s[9] = {47, 7, 29, 11, 16, 92, 22, 8, 3};  //测试数据
```

```
    int ht[Max] = {0};                              //闭散列表初始化为 0
    int temp, i = 0, index = 0, count = 0;          //count 为比较次数
    for (i = 0; i < 9; i++)                         //将待查集合 s[9]存储到散列表 ht 中
        HashSearch(ht, Max, s[i], index, count);
    cout<<"散列表中的元素为:"<<endl;
    for(i = 0; i < Max; i++)                        //输出散列表的存储情况
        cout<<ht[i]<<" ";
    cout<<endl;
    srand(time(NULL));                              //初始化随机种子
    temp = s[rand()%9];                             //随机生成待查元素的下标
    cout<<"查找元素 "<<temp<<endl;
    HashSearch(ht, Max, temp, index, count);
    cout<<"查找成功!"<<"元素 "<<temp<<" 的下标为"<<index;
    cout<<" 共比较 "<<count<<" 次"<<endl;
    return 0;
}

int HashSearch(int ht[], int m, int k, int &j, int &count)
{                                                   //折半查找,查找成功返回1,否则返回0
    int i;
    j = k % m;                                      //计算散列地址
    count = 1;
    if (ht[j] == k) return 1;                       //没有发生冲突,比较一次查找成功
    else if (ht[j] == 0) {ht[j] = k; return 0; }    //查找不成功,插入
    i = (j + 1) % m;                                //设置探测的起始下标
    while (ht[i] != 0 && i != j)
    {
        count ++ ;
        if (ht[i] == k) {j = i; return 1;}          //发生冲突,比较若干次查找成功
        else i = (i + 1) % m;                       //向后探测一个位置
    }
    if (i == j) {cout<<"溢出";return 0;}
    else {ht[i] = k; j = i; return 0; }             //查找不成功,插入
}
```

16.2 设计实验

16.2.1 二叉排序树的查找性能

1. 问题描述

对给定查找集合建立一棵二叉排序树,考查在二叉排序树中进行查找的最好情况、最坏情况和平均情况。

2. 基本要求

（1）对给定的同一个查找集合，按升序和随机顺序建立两棵二叉排序树；

（2）比较同一个待查值在不同二叉排序树上进行查找的比较次数；

（3）对随机顺序建立的二叉排序树，输出查找的最好情况、最坏情况和平均情况。

3. 设计思想

二叉排序树通常采用二叉链表的形式进行存储，简单起见，本实验假定数据元素为整数。二叉排序树类 BiSortTree 以及插入和查找操作对应的算法请参见主教材 7.3.1 节。

16.2.2 闭散列表和开散列表查找性能的比较

1. 问题描述

对于给定的一组关键码，分别采用线性探测法和拉链法建立散列表，并且在这两种方法构建的散列表中查找关键码 k，比较两种方法的时间性能和空间性能。

2. 基本要求

（1）用线性探测法处理冲突建立闭散列表；

（2）用拉链法处理冲突建立开散列表；

（3）设计合理的测试数据，比较二者的查找性能。

3. 设计思想

对于给定的一组关键码和相同的散列函数，如果处理冲突时采用的方法不同，建立散列表也不同，通常查找性能也不同。采用线性探测法处理冲突建立闭散列表以及在闭散列表上进行查找的算法请参见主教材 7.4.3 节，采用拉链法处理冲突建立开散列表以及在开散列表上进行查找的算法请参见主教材 7.4.3 节。

16.3 综合实验

16.3.1 个人电话号码查询系统

1. 问题描述

人们在日常生活中经常需要查找某个人或某个单位的电话号码，本实验将实现一个简单的个人电话号码查询系统，根据用户输入的信息（例如姓名等）进行快速查询。

2. 基本要求

（1）在外存上，用文件保存电话号码信息；

（2）在内存中，设计数据结构存储电话号码信息；

（3）提供查询功能，如根据姓名实现快速查询；

（4）提供其他维护功能，例如插入、删除、修改等。

3. 设计思想

由于需要管理的电话号码信息较多,而且要在程序运行结束后仍然保存电话号码信息,所以电话号码信息采用文件的形式存放到外存中。在系统运行时,需要将电话号码信息从文件调入内存来进行查找等操作,为了接收文件中的内容,要有一个数据结构与之对应,可以设计如下结构类型的数组来接收数据:

```
const int max = 10;
struct TeleNumber
{
    char name[10];              //姓名,最多 4 个汉字
    char phoneNumber[10];       //固定电话号码,最多 9 位
    char mobileNumber[12];      //移动电话号码,最多 11 位
    char email[20];             //电子邮箱,最多 19 个字符
} Tele[max];
```

为了实现对电话号码的快速查询,可以将上述结构数组排序,以便应用折半查找,但是,在数组中实现插入和删除操作的代价较高。如果记录需频繁进行插入或删除操作,可以考虑采用二叉排序树组织电话号码信息,则查找和维护都能获得较高的时间性能。更复杂地,需要考虑该二叉排序树是否平衡,如何使之达到平衡。有关折半查找和二叉排序树的具体算法请参见主教材相关内容。

16.3.2 斐波那契查找

1. 问题描述

已经知道,对于有序数据序列进行查找,二分查找法性能是相当好的,时间效率能达到 $O(\log_2 n)$,但该算法其实还有些可以进行改进的地方。普通的折半查找直接通过折半的方式对有序数据序列进行分割,这种方法实际上不是十分有效。对于大多数的有序数据序列,通常分布都是比较均匀的,可以通过斐波那契数列对有序表进行分割。斐波那契查找方法也称为黄金分割法,其平均性能比折半查找要好。

2. 基本要求

(1) 设计斐波那契查找算法;
(2) 与普通的折半查找算法进行比较。

3. 设计思想

设 n 个记录的有序表,且 n 正好是某个斐波那契数 -1,即 $n=F(k)-1$,其分割思想为:对于表长为 $F(k)-1$ 的有序表,以相对于 low 的偏移量 $F(k-1)-1$ 取分割点,即 $mid=low+F(k-1)-1$,对有序表进行分割,则左子表的表长为 $F(k-1)-1$,右子表的表长为 $(F(k)-1)-(F(k-1)-1)-1=F(k-2)-1$。可见,两个子表的表长也都是某个斐波那契数 -1,因而可以对子表继续分割。算法的伪代码描述如下:

1. 设置初始查找区间；
   low=1；high=F(k)−1;
2. 计算当前查找区间的表长；计算分割点距区间低端的偏移量。
   F=F(k)−1; f=F(k−1)−1;
3. 当查找区间存在，执行下列操作：
   3.1 取查找区间的分割点：mid=low+f;
   3.2 将r[mid]与待查值k比较，有以下三种情况：
      (1) 若k<r[mid]，则查找在左半区间继续进行：
         p=f; f=F−f−1;   //计算分割点距该查找区间低端的偏移量
         F=p;   //计算左半区间的表长
         high=mid−1;   //调整查找区间的高端位置
      (2) 若k>r[mid]，则查找在右半区间继续进行：
         F=F−f−1;   //计算右半区间的表长
         f=f−F−1;   //计算分割点距该查找区间低端的偏移量
         low=mid+1;   //调整查找区间的低端位置
      (3) 若k=r[mid]，则查找成功，返回记录在表中位置mid；
4. 退出循环，说明查找区间已不存在，返回查找失败标志0；

4．思考题

如果数据分布不均匀（如汉语字典等），如何设计一个基于估算的折半查找算法？

第 17 章 排序技术实验

排序是计算机程序设计中的一种重要操作,其主要目的是为了提高查找效率。本章的实验内容是各种排序方法的实现,深刻理解并掌握各种排序方法,在实际应用中,才能选择(或设计)最合适的排序方法或几个排序方法的组合解决排序问题。

17.1 验证实验

17.1.1 插入排序算法的实现

1. 实验目的

(1) 掌握插入排序算法(直接插入排序和希尔排序)的基本思想;
(2) 掌握插入排序算法(直接插入排序和希尔排序)的实现方法;
(3) 验证插入排序算法(直接插入排序和希尔排序)的时间性能。

2. 实验内容

对同一组数据分别进行直接插入排序和希尔排序,输出排序结果。

3. 实现提示

简单起见,假定待排序记录为整数,并按升序排列。直接插入排序算法和希尔排序算法请参见主教材 8.2 节。为了避免每次运行程序都从键盘上输入数据,可以设计一个函数自动生成待排序记录。

4. 实验程序

由于程序比较简单,使用单文件结构即可。在 VC++ 编程环境下新建一个源程序文件"插入排序",注意主教材和本实验均从下标 1 开始存放待排序记录,下标 0 用作交换单元。范例程序如下:

```
#include <iostream>          //引入输入输出流
#include <stdlib.h>           //使用库函数 srand 和 rand
#include <time.h>             //使用库函数 time
```

```cpp
using namespace std;
const int Max = 10;                         //假定待排序记录有 10 个元素
void Creat(int r[], int n);                 //生成待排序记录
void InsertSort(int r[], int n);            //直接插入排序
void ShellSort(int r[], int n);             //希尔排序
                                            //以下是主函数
int main()
{
    int a[Max + 1] = {0}, b[Max + 1] = {0};
    int i = 0;
    Creat(a, Max);
    for (i = 1; i <= Max; i ++)             //将数组 a 复制一份到数组 b
        b[i] = a[i];
    cout<<"对于无序序列：";
    for (i = 1; i <= Max; i ++)
        cout<<b[i]<<" ";
    cout<<endl;
    InsertSort(b, Max);
    cout<<"执行直接插入排序后,元素为：";
    for (i = 1; i <= Max; i ++)
        cout<<b[i]<<" ";
    cout<<endl;
    cout<<"对于无序序列：";
    for (i = 1; i <= Max; i ++)
        cout<<a[i]<<" ";
    cout<<endl;
    ShellSort(a, Max);                      //数组 b 已排序,重新排序在数组 a 上进行
    cout<<"执行希尔排序后,元素为：";
    for (i = 1; i <= Max; i ++)
        cout<<a[i]<<" ";
    cout<<endl;
    return 0;
}

void Creat(int r[], int n)                  //生成待排序记录
{
    int i = 0;
    srand(time(NULL));
    for (i = 1; i <= n; i ++)
        r[i] = 1 + rand() % 100;            //待排序记录为二位数
}

void InsertSort(int r[], int n)             //0 号单元用作暂存单元和监视哨
{
```

```
        for (int i = 2; i <= n; i++)
        {
            r[0] = r[i];                        //暂存待插关键码,设置哨兵
            for (int j = i - 1; r[0] < r[j]; j--)   //寻找插入位置
                r[j + 1] = r[j];                //记录后移
            r[j + 1] = r[0];
        }
    }

    void ShellSort(int r[], int n)              //0号单元用作暂存单元
    {
        for (int d = n/2; d >= 1; d = d / 2)    //以增量为d进行直接插入排序
        {
            for (int i = d + 1; i <= n; i++)
            {
                r[0] = r[i];                    //暂存被插入记录
                for (int j = i - d; j > 0 && r[0] < r[j]; j = j - d)
                    r[j + d] = r[j];            //记录后移d个位置
                r[j + d] = r[0];
            }
        }
    }
```

17.1.2 交换排序算法的实现

1. 实验目的

(1) 掌握交换排序算法(起泡排序和快速排序)的基本思想;
(2) 掌握交换排序算法(起泡排序和快速排序)的实现方法;
(3) 验证交换排序算法(起泡排序和快速排序)的时间性能。

2. 实验内容

对同一组数据分别进行起泡排序和快速排序,输出排序结果。

3. 实现提示

简单起见,假定待排序记录为整数,并按升序排列。起泡排序算法和快速排序算法请参见主教材 8.3 节。为了避免每次运行程序都从键盘上输入数据,可以设计一个函数自动生成待排序记录。

4. 实验程序

由于程序比较简单,使用单文件结构即可。在 VC++ 编程环境下新建一个源程序文件"交换排序",注意主教材和本实验均从下标 1 开始存放待排序记录,下标 0 用作交换单元。范例程序如下:

```
#include <iostream>                             //引入输入输出流
```

```cpp
#include <stdlib.h>                          //使用库函数 srand 和 rand
#include <time.h>                            //使用库函数 time
using namespace std;
const int Max = 10;                          //假定待排序记录有 10 个元素
void Creat(int r[], int n);                  //生成待排序记录
void BubbleSort(int r[], int n);             //起泡排序
int Partition(int r[], int first, int end);  //一次划分
void QuickSort(int r[], int first, int end); //快速排序
                                             //以下是主函数
int main()
{
    int a[Max + 1] = {0}, b[Max + 1] = {0};
    int i = 0;
    Creat(a, Max);
    for (i = 1; i <= Max; i++)               //将数组 a 复制一份到数组 b
        b[i] = a[i];
    cout<<"对于无序序列:";
    for (i = 1; i <= Max; i++)
        cout<<b[i]<<" ";
    cout<<endl;
    BubbleSort(b, Max);
    cout<<"执行起泡排序后,元素为:";
    for (i = 1; i <= Max; i++)
        cout<<b[i]<<" ";
    cout<<endl;
    cout<<"对于无序序列:";
    for (i = 1; i <= Max; i++)
        cout<<a[i]<<" ";
    cout<<endl;
    QuickSort(a, 1, Max);                    //数组 b 已排序,重新排序在数组 a 上进行
    cout<<"执行快速排序后,元素为:";
    for (i = 1; i <= Max; i++)
        cout<<a[i]<<" ";
    cout<<endl;
    return 0;
}

void Creat(int r[], int n)
{
    int i = 0;
    srand(time(NULL));
    for (i = 1; i <= n; i++)
        r[i] = 1 + rand() % 100;             //待排序记录为两位数
```

```
void BubbleSort(int r[], int n)                    //0 号单元用作交换操作的暂存单元
{
    int exchange = n, bound = n;                   //第一趟起泡排序的区间是[1, n]
    while (exchange != 0)                          //当上一趟排序有记录交换时
    {
        bound = exchange; exchange = 0;
        for (int j = 1; j < bound; j++)            //一趟起泡排序,排序区间是[1, bound]
            if (r[j] > r[j+1])
            {
                r[0] = r[j]; r[j] = r[j+1]; r[j+1] = r[0];
                exchange = j;                      //记载每一次记录交换的位置
            }
    }
}

int Partition(int r[], int first, int end)
{
    int i = first, j = end;                        //初始化
    while (i < j)
    {
        while (i < j && r[i] <= r[j]) j--;         //右侧扫描
        if (i < j)
        {
            r[0] = r[i]; r[i] = r[j]; r[j] = r[0];
            i++;
        }
        while (i < j && r[i] <= r[j]) i++;         //左侧扫描
        if (i < j)
        {
            r[0] = r[i]; r[i] = r[j]; r[j] = r[0];
            j--;
        }
    }
    return i;                                      //i 为轴值记录的最终位置
}

void QuickSort(int r[], int first, int end)
{
    if (first < end)
    {                //区间长度大于1,执行一次划分,否则递归结束
        int pivot = Partition(r, first, end);      //一次划分
```

```
            QuickSort(r, first, pivot-1);       //递归地对左侧子序列进行快速排序
            QuickSort(r, pivot+1, end);         //递归地对右侧子序列进行快速排序
    }
}
```

17.1.3 选择排序算法的实现

1. 实验目的

(1) 掌握选择排序算法(简单选择排序和堆排序)的基本思想；
(2) 掌握选择排序算法(简单选择排序和堆排序)的实现方法；
(3) 验证选择排序算法(简单选择排序和堆排序)的时间性能。

2. 实验内容

对同一组数据分别进行起泡排序和快速排序，输出排序结果。

3. 实现提示

为简单起见，假定待排序记录为整数，并按升序排列。简单选择排序算法和堆排序算法请参见主教材8.4节。为了避免每次运行程序都从键盘上输入数据，可以设计一个函数自动生成待排序记录。

4. 实验程序

由于程序比较简单，使用单文件结构即可。在 VC++ 编程环境下新建一个源程序文件"选择排序"，注意主教材和本实验均从下标1开始存放待排序记录，下标0用作交换单元。范例程序如下：

```
#include <iostream>                    //使用输入输出流
#include <stdlib.h>                    //使用库函数 srand 和 rand
#include <time.h>                      //使用库函数 time
using namespace std;
const int Max = 10;                    //假定待排序记录有10个元素
void Creat(int r[], int n);            //生成待排序记录
void SelectSort(int r[], int n);       //简单选择排序
void Sift(int r[], int k, int m);      //筛选法调整堆
void HeapSort(int r[], int n);         //堆排序
                                       //以下是主函数
int main()
{
    int a[Max+1] = {0}, b[Max+1] = {0};
    int i = 0;
    Creat(a, Max);
    for (i=1; i<=Max; i++)             //将数组 a 复制一份到数组 b
        b[i] = a[i];
    cout<<"对于无序序列:";
    for (i=1; i<=Max; i++)
```

```
            cout<<b[i]<<" ";
        cout<<endl;
        SelectSort(b, Max);
        cout<<"执行简单选择排序后,元素为:";
        for (i = 1; i < = Max; i ++ )
            cout<<b[i]<<" ";
        cout<<endl;
        cout<<"对于无序序列:";
        for (i = 1; i < = Max; i ++ )
            cout<<a[i]<<" ";
        cout<<endl;
        HeapSort(a, Max);                        //数组 b 已排序,重新排序在数组 a 上进行
        cout<<"执行堆排序后,元素为:";
        for (i = 1; i < = Max; i ++ )
            cout<<a[i]<<" ";
        cout<<endl;
        return 0;
}

void Creat(int r[], int n)
{
    int i = 0;
    srand(time(NULL));
    for (i = 1; i < = n; i ++ )
        r[i] = 1 + rand() % 100;                 //待排序记录为两位数
}

void SelectSort(int r[], int n)                  //0 号单元用作交换操作的暂存单元
{
    for (int i = 1; i < n; i ++ )                //对 n 个记录进行 n - 1 趟简单选择排序
    {
        int index = i;
        for (int j = i + 1; j < = n; j ++ )      //在无序区中选取最小记录
            if (r[j] < r[index]) index = j;
        if (index ! = i)
        {
            r[0] = r[i]; r[i] = r[index]; r[index] = r[0];
        }
    }
}

void Sift(int r[], int k, int m)                 //0 号单元用作交换操作的暂存单元
{
```

```
        int i = k, j = 2 * i;                    //i 指向被筛选结点,j 指向结点 i 的左孩子
        while (j <= m)                           //筛选还没有进行到叶子
        {
            if (j < m && r[j] < r[j+1]) j++;    //比较 i 的左右孩子,j 指向较大者
            if (r[i] > r[j]) break;              //根结点已经大于左右孩子中的较大者
            else
            {
                r[0] = r[i]; r[i] = r[j]; r[j] = r[0];  //将根结点与结点 j 交换
                i = j; j = 2 * i;                //被筛选结点位于原来结点 j 的位置
            }
        }
    }

    void HeapSort(int r[], int n)                //0 号单元用作交换操作的暂存单元
    {
        int i = 0;
        for (i = n/2; i >= 1; i--)               //初始建堆,从最后一个分支结点至根结点
            Sift(r, i, n);
        for (i = 1; i < n; i++)                  //重复执行移走堆顶及重建堆的操作
        {
            r[0] = r[1]; r[1] = r[n-i+1]; r[n-i+1] = r[0];
            Sift(r, 1, n-i);
        }
    }
```

17.2 设计实验

17.2.1 直接插入排序基于单链表的实现

1. 问题描述

采用单链表存储待排序记录,实现直接插入排序算法。

2. 基本要求

(1) 采用单链表存储待排序记录;
(2) 在单链表上实现直接插入排序算法;
(3) 与数组存储的直接插入排序算法进行对比。

3. 设计思想

首先将待排序数据建立一个带头结点的单链表,算法请参见主教材 2.3.1 节。在单链表中进行直接插入排序的基本思想是:将单链表划分为有序区和无序区,有序区只包含一个元素结点,依次取无序区中的每一个结点,在有序区中查找待插入结点的插入位置,然后把该结点从单链表中删除,再插入到相应位置。

例如,有一组待排序数据存储在单链表 first 中,排序过程如图 17-1 所示。

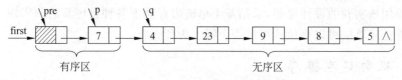

(a) 待排序记录划分为有序区和无序区

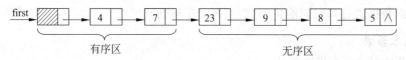

(b) 将 4 插在 7 的前面,有序区多了一个结点

图 17-1　直接插入排序过程示例

分析上述排序过程,需要设一个工作指针 q 在无序区中指向待插入的结点,为了查找正确的插入位置,每趟排序前需将工作指针 pre 和 p 指向头结点和开始结点,在找到插入位置后,将结点 q 插在结点 pre 和 p 之间。这相当于在单链表中删除结点 q,因此为了保证链表不断开,需要在删除结点 q 之前保留结点 q 的后继结点的地址。算法如下:

直接插入排序算法

```
void StraightSort(Node *first)
{
    pre = first; p = first->next; q = p->next;
    while (q != NULL)
    {
        while (q != p)
        {
            while (p->data < q->data)
            {
                pre = p; p = p->next;
            }
            if (p != q) {
                u = q->next;
                pre->next = q;
                q->next = p;
                q = u;
            }
            else q = q->next;
        }
        pre = first; p = first->next;
    }
}
```

4. 思考题

(1) 应用该实验的设计思想,总结基于单链表存储下各种排序算法的实现。

(2) 堆排序算法可以移植到单链表上吗？为什么？

17.2.2 双向起泡排序

1. 问题描述

对一组数据进行双向起泡排序(假定按升序排列)。

2. 基本要求

(1) 设计双向起泡排序算法；

(2) 将双向起泡排序算法的时间性能与起泡排序算法的时间性能进行比较。

3. 设计思想

双向起泡排序的基本思想是：从两端(奇数趟排序从后向前,偶数趟排序从前向后)两两比较相邻记录,如果反序则交换,直到没有反序的记录为止。算法如下：

```
双向起泡排序算法
void BiBubble(int r[ ], int n)
{
  flag = 1; i = 0;                            //flag=1:有记录交换,flag=0:无记录交换
  while (flag == 1)
  {
    flag = 0;
    for (j = n - i - 1; j > i; j--)           //从后向前扫描
      if (r[j-1] > r[j]) {
        flag = 1;
        r[j]←→r[j-1];                         //交换元素
      }
    for (j = i + 1; j < n - i - 1; j++)       //从前向后扫描
      if (r[j] > r[j+1]) {
        flag = 1;
        r[j]←→r[j+1];                         //交换元素
      }
    i++;
  }
}
```

4. 思考题

一个好的算法是不断努力、反复修正的结果。你对起泡排序算法的设计过程有什么感想？

17.3 综合实验

17.3.1 各种排序算法时间性能的比较

1. 问题描述

对本章的各种排序方法(直接插入排序、希尔排序、起泡排序、快速排序、直接选择排序、堆排序和归并排序)的时间性能进行比较。

2. 基本要求

(1) 设计并实现上述各种排序算法;
(2) 产生正序和逆序的初始排列分别调用上述排序算法,并比较时间性能;
(3) 产生随机的初始排列分别调用上述排序算法,并比较时间性能。

3. 设计思想

上述各种排序方法都是基于比较的内排序,其时间主要消耗在排序过程中进行的记录的比较和移动,因此,统计在相同数据状态下不同排序算法的比较次数和移动次数,即可实现比较各种排序算法的目的。

各种排序算法在本章的验证实验中已经完成,为了实现比较不同排序算法的比较次数和移动次数,在算法中的适当位置插入两个计数器分别统计记录的比较次数和移动次数。

4. 思考题

如果测算每种排序算法所用实际的时间,应如何修改排序算法?

17.3.2 机器调度问题

1. 问题描述

机器调度是指有 m 台机器需要处理 n 个作业,设作业 i 的处理时间为 t_i,则对 n 个作业进行机器分配,使得:

(1) 一台机器在同一时间内只能处理一个作业;
(2) 一个作业不能同时在两台机器上处理;
(3) 作业 i 一旦运行,则需要 t_i 个连续时间单位。

设计算法进行合理调度,使得在 m 台机器上处理 n 个作业所需要的处理时间最短。

2. 基本要求

(1) 建立问题模型,设计数据结构;
(2) 设计调度算法,为每个作业分配一台可用机器;
(3) 给出分配方案。

3. 设计思想

假设有 7 个作业,所需时间分别为{2,14,4,16,6,5,3},有三台机器,编号分别为 m_1、m_2 和 m_3。这 7 个作业在三台机器上进行调度的情形如图 17-2 所示,阴影区代表作业的运行区间。作业 4 在 0～16 时间被调度到机器 1 上运行,在这 16 个时间单位中,机器 1 完成了对作业 4 的处理;作业 2 在 0～14 时间被调度到机器 2 上处理,之后机器 2 在 14～

17时间处理作业7;在机器3上,作业5在0～6时间完成,作业6在6～11时间完成,作业3在11～15时间完成,作业1在15～17时间完成。注意到作业 i 只能在一台机器上从 s_i 时刻到 s_i+t_i 时间完成且任何机器在同一时刻仅能处理一个作业,因此最短调度长度为17。

图17-2 三台机器的调度示例

在上述处理中,采用了最长时间优先(LPT)的简单调度策略。在LPT算法中,作业按其所需时间的递减顺序排列,在分配一个作业时,将其分配给最先变为空闲的机器。

下面设计完成LPT算法的存储结构。

(1) 为每个机器设计数据结构:

```
struct MachineNode
{
    int ID;                  //机器号
    int avail;               //机器可用时刻
};
```

(2) 为每个作业设计数据结构:

```
struct JobNode
{
    int ID;                  //作业号
    int time;                //处理时间
};
```

LPT算法的伪代码描述如下:

1. 如果作业数n≤机器数m,则
   1.1 将作业i分配到机器i上;
   1.2 最短调度长度等于n个作业中处理时间最大值;
2. 否则,重复执行以下操作,直到n个作业都被分配:
   2.1 将n个作业按处理时间建成一个大根堆H1;
   2.2 将m个机器按可用时刻建立一个小根堆H2;
   2.3 将堆H1的堆顶作业分配给堆H2的堆顶机器;
   2.4 将H2的堆顶机器加上H1的堆顶作业的处理时间重新插入H2中;
   2.5 将堆H1的堆顶元素删除;
3. 堆H2的堆顶元素就是最短调度时间;

4. 思考题

关于机器的调度问题还有很多解法,请上网查找相关资料。

附录 A 实验报告的一般格式

实验题目：××××××××

一、实验目的

1. ×××××。
2. ×××××。

二、实验内容

1. ×××××。
2. ×××××。

三、设计与编码

1. 本实验用到的理论知识。

总结本实验用到的理论知识，实现理论与实践相结合。总结尽量简明扼要，并与本次实验密切相关，最好能加上自己的理解。

2. 算法设计。

对本实验内容设计 C++ 类定义，设计算法完成每个成员函数。

3. 编码。

将算法转化为 C++ 程序，设计主函数完成对各成员函数的调用；设计人机界面，每一步需要用户操作的提示以及每一次用户操作产生的结果均以中文形式显示在屏幕上。

四、运行与测试

1. 在调试程序的过程中遇到什么问题，是如何解决的？
2. 设计了哪些测试数据？测试结果是什么？
3. 程序运行的结果如何？

五、总结与心得

实验完成后的总结与思考。

附录 B 课程设计报告的一般格式

课程设计题目：××××××××

一、问题描述

××××××××××××××××××××××××××××××××

二、基本要求

1. ×××××。
2. ×××××。

三、概要设计

1. 数据结构的设计。

主要介绍在实验中采用（或设计）的数据结构，以及原因。

2. 算法的设计。

本设计从总体上划分为几个模块，每个模块需要完成的功能是什么？定义每个模块对应的函数接口，用伪代码设计每个模块对应的算法。

3. 抽象数据类型的设计。

根据所设计的数据结构和函数接口，设计抽象数据类型。

四、详细设计

1. 设计抽象数据类型对应的 C++ 类定义。
2. 设计每个成员函数。
3. 设计主函数。

五、运行与测试

1. 在调试程序的过程中遇到什么问题，是如何解决的？
2. 设计了哪些测试数据？测试结果是什么？
3. 打印程序清单及运行结果。

六、总结与心得

设计完成后的总结与思考。

参考文献

1. 严蔚敏,吴为民.数据结构.北京.清华大学出版社.1997.
2. 缪淮扣,顾训穰,沈俊.数据结构——C++实现.北京：科学出版社.2002.
3. 张铭,王腾蛟,赵海燕.数据结构与算法.北京：高等教育出版社.2008.
4. 唐宁九,游洪跃,朱宏,杨秋辉.数据结构与算法(C++版).北京：清华大学出版社.2009.
5. 李春葆,喻丹丹.数据结构习题与解析.第3版.北京.清华大学出版社.2006.
6. 王红梅,胡明,王涛.数据结构(C++版).第2版.北京：清华大学出版社.2011.
7. 王红梅,胡明.数据结构考研辅导.北京：清华大学出版社.2009.
8. 王红梅.算法设计与分析.北京：清华大学出版社.2006.

普通高校本科计算机专业特色教材精选

计算机硬件

MCS 296 单片机及其应用系统设计　刘复华　　　　　　　　　ISBN 978-7-302-08224-8
基于 S3C44B0X 嵌入式 μcLinux 系统原理及应用　李岩　　　　ISBN 978-7-302-09725-9
现代数字电路与逻辑设计　高广任　　　　　　　　　　　　　ISBN 978-7-302-11317-1
现代数字电路与逻辑设计题解及教学参考　高广任　　　　　　ISBN 978-7-302-11708-7

计算机原理

汇编语言与接口技术(第 2 版)　王让定　　　　　　　　　　　ISBN 978-7-302-15990-2
汇编语言与接口技术习题汇编及精解　朱莹　　　　　　　　　ISBN 978-7-302-15991-9
基于 Quartus II 的计算机核心设计　姜咏江　　　　　　　　　ISBN 978-7-302-14448-9
计算机操作系统(第 2 版)　彭民德　　　　　　　　　　　　　ISBN 978-7-302-15834-9
计算机维护与诊断实用教程　谭祖烈　　　　　　　　　　　　ISBN 978-7-302-11163-4
计算机系统的体系结构　李学干　　　　　　　　　　　　　　ISBN 978-7-302-11362-1
计算机选配与维修技术　闵东　　　　　　　　　　　　　　　ISBN 978-7-302-08107-4
计算机原理教程　姜咏江　　　　　　　　　　　　　　　　　ISBN 978-7-302-12314-9
计算机原理教程实验指导　姜咏江　　　　　　　　　　　　　ISBN 978-7-302-15937-7
计算机原理教程习题解答与教学参考　姜咏江　　　　　　　　ISBN 978-7-302-13478-7
计算机综合实践指导　宋雨　　　　　　　　　　　　　　　　ISBN 978-7-302-07859-3
实用 UNIX 教程　蒋砚军　　　　　　　　　　　　　　　　　ISBN 978-7-302-09825-6
微型计算机系统与接口　李继灿　　　　　　　　　　　　　　ISBN 978-7-302-10282-3
微型计算机系统与接口教学指导书及习题详解　李继灿　　　　ISBN 978-7-302-10559-6
微型计算机组织与接口技术　李保江　　　　　　　　　　　　ISBN 978-7-302-10425-4
现代微型计算机与接口教程(第 2 版)　杨文显　　　　　　　　ISBN 978-7-302-15492-1
智能技术　曹承志　　　　　　　　　　　　　　　　　　　　ISBN 978-7-302-09412-8

软件工程

软件工程导论(第 4 版)　张海藩　　　　　　　　　　　　　　ISBN 978-7-302-07321-5
软件工程导论学习辅导　张海藩　　　　　　　　　　　　　　ISBN 978-7-302-09213-1
软件工程与软件开发工具　张虹　　　　　　　　　　　　　　ISBN 978-7-302-09290-2

数据库

数据库原理及设计(第 2 版)　陶宏才　　　　　　　　　　　　ISBN 978-7-302-15160-9

数理基础

离散数学　邓辉文　　　　　　　　　　　　　　　　　　　　ISBN 978-7-302-13712-5
离散数学习题解答　邓辉文　　　　　　　　　　　　　　　　ISBN 978-7-302-13711-2

算法与程序设计

C/C++ 语言程序设计　孟军　　　　　　　　　　　　　　　　ISBN 978-7-302-09062-5
C++ 程序设计解析　朱金付　　　　　　　　　　　　　　　　ISBN 978-7-302-16188-2
C 语言程序设计　马靖善　　　　　　　　　　　　　　　　　ISBN 978-7-302-11597-7
C 语言程序设计(C99 版)　陈良银　　　　　　　　　　　　　ISBN 978-7-302-13819-8
Java 语言程序设计(第 2 版)　吕凤翥　　　　　　　　　　　　ISBN 978-7-302-23297-1
Java 语言程序设计题解与上机指导　吕凤翥　　　　　　　　　ISBN 978-7-302-24232-1
MFC Windows 应用程序设计(第 2 版)　任哲　　　　　　　　ISBN 978-7-302-15549-2
MFC Windows 应用程序设计习题解答及上机实验(第 2 版)　任哲　ISBN 978-7-302-15737-3
Visual Basic.NET 程序设计　刘炳文　　　　　　　　　　　　ISBN 978-7-302-16372-5
Visual Basic.NET 程序设计题解与上机实验　刘炳文

Windows 程序设计教程　杨祥金	ISBN 978-7-302-14340-6
编译设计与开发技术　斯传根	ISBN 978-7-302-07497-7
汇编语言程序设计　朱玉龙	ISBN 978-7-302-06811-2
数据结构(C++版)　王红梅	ISBN 978-7-302-11258-7
数据结构(C++版)教师用书　王红梅	ISBN 978-7-302-15128-9
数据结构(C++版)学习辅导与实验指导　王红梅	ISBN 978-7-302-11502-1
数据结构(C语言版)　秦玉平	ISBN 978-7-302-11598-4
算法设计与分析　王红梅	ISBN 978-7-302-12942-4

图形图像与多媒体技术

多媒体技术实用教程(第2版)　贺雪晨	ISBN 978-7-302-16854-6
多媒体技术实用教程(第2版)实验指导　贺雪晨	ISBN 978-7-302-16907-9

网络与通信

计算机网络　胡金初	ISBN 978-7-302-07906-4
计算机网络实用教程　王利	ISBN 978-7-302-14712-1
数据通信与网络技术　周昕	ISBN 978-7-302-07940-8
网络工程技术与实验教程　张新有	ISBN 978-7-302-11086-6
计算机网络管理技术　杨云江	ISBN 978-7-302-11567-0
TCP/IP 网络与协议　兰少华	ISBN 978-7-302-11840-4

图书资源支持

感谢您一直以来对清华版图书的支持和爱护。为了配合本书的使用,本书提供配套的资源,有需求的读者请扫描下方的"书圈"微信公众号二维码,在图书专区下载,也可以拨打电话或发送电子邮件咨询。

如果您在使用本书的过程中遇到了什么问题,或者有相关图书出版计划,也请您发邮件告诉我们,以便我们更好地为您服务。

我们的联系方式:

清华大学出版社计算机与信息分社网站:https://www.shuimushuhui.com/

地　　址:北京市海淀区双清路学研大厦 A 座 714

邮　　编:100084

电　　话:010-83470236　010-83470237

客服邮箱:2301891038@qq.com

QQ:2301891038(请写明您的单位和姓名)

资源下载: 关注公众号"书圈"下载配套资源。

书圈

清华计算机学堂

观看课程直播